高等院校数字化融媒体特色教材
动物科学类创新人才培养规划教材

畜产品加工
实验指导

主　编　任大喜　陈有亮

副主编　刘　骞　张一敏　涂勇刚

主　审　孔保华

ZHEJIANG UNIVERSITY PRESS
浙江大学出版社

图书在版编目(CIP)数据

畜产品加工实验指导/ 任大喜,陈有亮主编. 一杭州:浙江大学出版社,2017.1
ISBN 978-7-308-16175-6

Ⅰ.①畜… Ⅱ.①任… ②陈… Ⅲ.①畜产品-食品加工-实验-教材 Ⅳ.①TS251-33

中国版本图书馆 CIP 数据核字(2016)第 211203 号

畜产品加工实验指导

主　编　任大喜　陈有亮
副主编　刘　骞　张一敏　涂勇刚

丛书策划	阮海潮(ruanhc@zju.edu.cn)
责任编辑	阮海潮
责任校对	潘晶晶　秦　瑕
封面设计	续设计
出版发行	浙江大学出版社
	(杭州市天目山路 148 号　邮政编码 310007)
	(网址:http://www.zjupress.com)
排　版	杭州星云光电图文制作有限公司
印　刷	杭州杭新印务有限公司
开　本	787mm×1092mm　1/16
印　张	8
彩　页	4
字　数	191 千
版 印 次	2017 年 1 月第 1 版　2017 年 1 月第 1 次印刷
书　号	ISBN 978-7-308-16175-6
定　价	29.50 元

高等院校数字化融媒体特色教材
动物科学类创新人才培养规划教材

《畜产品加工实验指导》

编审人员

主　　编　任大喜　陈有亮

副主编　刘　骞　张一敏　涂勇刚

编　　委　（按姓名拼音顺序）

陈有亮（浙江大学）

洪奇华（浙江大学）

刘　骞（东北农业大学）

任大喜（浙江大学）

涂勇刚（江西农业大学）

张一敏（山东农业大学）

主　　审　孔保华（东北农业大学）

高等院校数字化融媒体特色教材
动物科学类创新人才培养系列教材
出版说明

　　调动学生学习的主动性、积极性、创造性,重视学生能力的培养是当今教学改革的主旋律。教材是实施教学的依据和手段。作为教材,不仅要传授最基本、最核心的理论知识,更重要的是应努力教给学生如何提高各种学习能力,包括自学能力(查阅文献资料能力)、科学思维能力(分析、综合、想象和创造能力)、动手能力(实验设计和基本操作能力)和表达能力(语言、文字、图表及整理统计能力)等。

　　为适应教学改革的需要和学科发展,《动物科学类创新人才培养系列教材》编委会组织一批学术水平高、实践经验丰富的专业教师,经过几年的教学实践和专题研究,编写了这套教材。

　　本系列教材紧跟动物科学、动物医学研究进展,围绕应用型专业培养目标,体现"三基"(基本方法、基本操作、基本技能)、"五性"(创新性、科学性、先进性、启发性、实用性)原则。编写时以整合创新、注重能力培养为导向,有所侧重、有所取舍地介绍了各门课程的最新发展成果。实验教材,结合科研实际详细叙述了有关实训项目的基本原理、操作方法、注意事项及思考题,高标准、严要求,为开展进展性、启发性个案教学服务,以培养学生的创新、探究能力。理论教材,以基本理论为基础,以问题为主线,力求将最新科研成果(如动物基因工程、胚胎移植、动物营养调控等)、教学经验编入其中,通过对问题的思索和讨论,启发学生的思维,激发学生的学习兴趣,加深对基本原理与知识点的理解,以拓展学生的视野,提高科研创新与实际应用的能力。注重建立以学生为主体、教师为主导的新型教学关系,促进学生从记忆型、模仿型学习向思考型、创新型、探究型学习转变,为终身学习打下坚实的基础。

知识点呈现深入浅出,表达形式活泼。利用"互联网＋"教育技术建设"立方书"教学平台,以嵌入二维码的纸质教材为载体,将教材、课堂、教学资源三者融合,实现线上线下结合的教学模式,读者只要用手机扫描"二维码",就可以随时随地学习和查阅,做到边学习、边操作,给人以形象生动、易学易懂的直观感受。

首批14种教材,包括《动物遗传学》(英文版)、《动物病理学》、《蚕丝与蚕丝蛋白》、《茧丝加工学》、《生物材料学》、《水产动物养殖学》、《动物分子生物学实验指导》、《畜产品加工实验指导》、《动物解剖学实验指导》、《兽医寄生虫学实验指导》、《动物营养学实验指导》、《家畜组织学与胚胎学实验指导》、《兽医药理学实验指导》和《消化道微生物学实验指导》。

本套教材适合作为动物科学、动物医学、食品科学与工程、动物养殖、水产养殖、动物检验检疫、食品加工和贸易等专业的教材,也可作为科研人员实验指导书以及从业人员的继续教育教材。

在教材陆续出版之际,感谢为该套教材编写和出版付出辛勤劳动的教师和出版社的工作人员,并恳请读者和教材使用单位多提批评意见和建议,以便今后进一步修订完善。

《动物科学类创新人才培养系列教材》编委会

前　言

　　畜产品加工是高等学校食品科学与工程学科重要且具有很强应用性的专业课程。畜产品加工实验作为在畜产品加工学基本理论指导下单独开设的实践性、综合性课程，不仅要使学生掌握具体的产品生产技术，更重要的是要提高学生的动手能力、创新意识和创新能力。基于此，为了满足畜产品加工实验课程教学的基本要求，不断将科研成果和新技术融入实际教学中，我们编写了本实验教材，旨在促进大学生的科研创新能力。

　　本教材综合了国内不同地区的特色畜产品及国外的一些最新研究成果和产品，以满足现阶段国内对畜产品加工新技术的需求。本教材在编写结构上重点考虑技术应用性实验，结合当前生产过程中的行业最新标准、新技术、新方法，力争做到技术应用性强、内容新。为了提高学生的综合能力，本教材增加了实验目的、实验原理、质量评价和思考题，引导学生自己设计实验方案、确定工艺技术路线、处理数据以及评价产品质量，全方位、系统培养学生的专业能力和创新能力。

　　本教材由三部分组成，第一部分肉制品加工实验由东北农业大学刘骞和山东农业大学张一敏负责编写，第二部分乳制品实验由浙江大学任大喜负责编写，第三部分蛋品实验由江西农业大学涂勇刚负责编写，由浙江大学陈有亮教授负责统筹。

　　本教材主要面向食品科学与工程及相关学科的学生、教师、科研人员及相关企业技术人员，也可与肉、乳及蛋制品加工理论教材配套使用。

　　由于编者水平有限，书中难免存在错误或不足之处，敬请各位专家、学者及同学批评指正，不胜感激。

编　者

2016 年 11 月

目 录

第一部分 肉制品加工实验

第一部分　肉制品加工实验

实验一　原料肉品质测定

1　肉色测定

1.1　比色板法测肌肉颜色

比色板法属主观评定法。用标准肉色谱比色板与肉样对照,对肉样进行评分。目前,国际上有美制、日制、澳大利亚制、加拿大制等不同色谱标准板。

1.1.1　取样部位

通常为眼肉横切面。如果要测定全胴体肉色,那么需加测腰大肌、臀中肌、半膜肌和半腱肌四项。

①宰后1~2h肌肉样本。②宰后24h眼肌中段(0~4℃保存)测冷却肉样本。③宰后肉样充分熟化的特定时间。上述三种处理时间中②为最基本的通用时间。

待测肉样(即冷却肉),在0~4℃冰箱中保存到宰后24h。将肉样切开,新鲜切面上覆盖透氧薄膜,在0~4℃条件下静置1h,使表面色素充分氧化。肉样厚度不得少于1.5cm。

1.1.2　仪器

(1)美制NPPC比色板(1991版)。上有5个眼肌横切面的肉色分值级别从浅到深排列,用于肉色定量评估。1分=灰白色(异常肉色),2分=轻度灰白(倾向异常肉色),3分=正常鲜红色,4分=稍深红色(属于正常肉色),5分=暗紫色(异常肉色)。

(2)美制NPPC比色板(1994版)。该板用于目测半膜肌、半腱肌肉色定性评估,适用于生产流水线。该板上有PSE(苍白松软脱水肉)、RSE(红色松软脱水肉)、RFN(红色坚挺不脱水肉—理想肉)、DFD(暗紫坚硬干燥肉)四个标准肌肉色样板,供检验员将猪肉对号入座分档归类。

1.1.3　操作

(1)将实验室内光照强度调至750lx以上(用自然漫射光或荧光灯)。

(2)用比色板(1991版)对照眼肌样本给出肉色分值。分值的精确度可判断到0.5分。

(3)用比色板(1994版)对照腿肌肉样给出定性评估。

比色板方法简单易行,省事省力,经济实惠,但是容易出错。有两点技术要领不容忽视:其一,检测人员要回避了解被测样本的品种和生产厂家背景,以免产生感情分值偏差。其二,比色板评分的结果如果用一般统计方法计算样本平均数和标准差很容易将劣质肉(5分的 DFD 和 1 分的 PSE)平均成 3 分的优质肉,故肉色评分应表达成 5 个肉色级别的样本分布概率。

1.2　光学测定法测肌肉颜色

利用物理学手段对肉样进行客观的光学度量,对肉面反射的波长和色彩等参数进行定量。较常用的为国际标准照明委员会(CIE)建立的可见光谱的颜色空间标准,即 CIE $L^* a^* b^*$ 色空间。L^* 值表示颜色的亮度值,数值越大表示颜色越亮,数值越小表示颜色越暗;a^* 值表示颜色的红绿值,数值越大表示颜色越红,反之越绿;b^* 值表示颜色的黄蓝值,数值越大颜色越黄,反之越蓝。

1.2.1　取样部位

同比色板法。

1.2.2　仪器

色差计(爱色丽 X-rite,SP62):测量孔径 8mm、光源 A、标准视角 10°。

1.2.3　操作

(1)接通电源,按电源开关。

(2)校正仪器,包括一次白校正和一次黑校正度数。校正过程如下:按向上跳位键或向下跳位键加亮校正。按进入键进入校正模式;对准目标窗口于白标准;将仪器头压低,保持此测量姿势直到屏幕显示白校正完成,显示成功;将目标窗口对准黑筒,将仪器头压低,保持此测量姿势直到两次读数完成,屏幕显示黑校正完成。

(3)测定:按跳位键返回品检键,按进入键进入测量模式。测量参数的设定根据所需参数按跳位键进行调节。测量步骤如下:将仪器目标窗口对准测量样品;将仪器头压低,保持此测量姿势直到读数完成;释放仪器头,测量数据显示于屏幕。

先将仪器预热 30min,色差计用校正板标准化,然后将镜头垂直置于肉面上,镜口紧扣肉面(不能漏光),按下摄像按钮,色度参数即自动记录。

由于肉面颜色随位置而异,故每个肉面按每 15cm² 重复 4 次的频率不断改变位置重复度量,最后取平均数。

(4)测量完成关掉电源开关。擦拭与样品接触的表面,做好清洁工作。

1.2.4　记录

参数的表示方式为亮度(L^*)、红度(a^*)、黄度(b^*),以上参数对评定肉质有重要参考意义。PSE 肉的 L^* 值高,而 a^* 值低;DFD 反之。

2　肉保水性的测定

2.1　原理

肉的保水性是指当肌肉受到外力作用时(例如,加压、切碎、加热、冷冻、融冻、储存、加工等),保持其原有水分或添加水分的能力。测定保水性使用最广泛的方法是压力法,即施加一定的重量或压力以测定被压出的水量;或按压出水湿面积与肉样面积之比以表示肌肉系水力。我国现行应用的系水力测定方法是用35kg重量压力法度量肉样的失水率,失水力愈高,系水力愈低,反之则相反。

2.2　仪器与材料

钢环允许膨胀压力计、取样器、分析天平、纱布、滤纸、书写用硬质塑料板。

2.3　测定方法

(1)选第1～2腰椎处背最长肌,切取1.0cm厚的薄片,再用直径为2.523cm的圆形取样器(圆面积为5.0cm²)切取中心部肉样。

(2)将切取的肉样用分析天平称重,然后将肉样置于两层纱布间,上、下各垫18层滤纸(中性滤纸)。滤纸外各垫一块书写用硬质塑料板。然后放置于改装的钢环允许膨胀压力计上,匀速摇动摇把加压至35kg,并在35kg下保持5min,撤去压力后立即称量肉样重。

2.4　计算

按下式计算失水率:

$$失水率(\%) = \frac{压前肉样重 - 压后肉样重}{压前肉样重} \times 100$$

以上所述测定保水性方法属于物理学方法,此外还有汁液损失法和离心法。

3　汁液损失(drip loss)的测定

3.1　原理

在不施加任何外力的标准条件下,保存肉样一定时间(24h或48h),以测定肉样的汁液损失。这是一种操作简便、测值可靠和适于在现场应用的方法。

3.2　仪器与材料

冰箱、天平、聚乙烯薄膜食品袋。

3.3　取样部位

取第3～6腰椎处背最长肌,将试样修整为长×宽×高为5cm×3cm×2.5cm的肉片。

3.4　测定时间

猪被屠宰后 2h 剥离背最长肌,切取试样并称重,置冰箱 4℃ 条件下保存 24h。

3.5　测定方法与计算

将修整好的试样称重(W_1),放置于充气的塑料袋中。用细铁丝钩住肉样一端,保持肉样竖直向下,不接触食品袋,扎紧袋口,悬吊于冰箱冷藏层,保存 24h,取出肉样,用洁净滤纸轻轻拭去肉样表层汁液后称重(W_2),按下式计算汁液损失:

$$汁液损失(\%)=\frac{W_1-W_2}{W_1}\times100$$

3.6　判定

汁液损失与肌肉保水力呈负相关,即汁液损失愈大,肌肉保水力愈差,汁液损失愈少,肌肉保水力愈好。测定结果可按同期对比排序法评定优劣。在一般情况下,汁液损失不超过 3%,可作为参考值。

4　嫩度的测定

嫩度评定方法可分主观评定和客观评定两类。

4.1　主观评定

主观评定依靠人们的咀嚼运动和舌与颊对肌肉的软、硬与嚼碎容易性的综合感觉。人在咀嚼肉样时,牙齿对肉样的作用不外乎剪切、撕裂、切割和磨碎,而肉样对这些动作的反作用力和最终结果(肉样残渣在口腔中的剩余量及黏着性)要刺激感觉器官的感觉性,通过神经纤维传到大脑,形成综合的感觉判断,然后通过评分方法加以表达和分类。

感觉评定的优点是比较接近正常食用条件下对嫩度的评定;缺点是完全凭主观感觉而失去客观可比性。做好主观评定的关键是培训人员。

评定嫩度可按咀嚼次数(达到正常吞咽程度时),结缔组织的嫩度,对牙、舌、颊的柔软度,剩余残渣等项目进行评分。

4.2　客观评定

4.2.1　原理

通过用质构仪测定剪切肉样时剪切力的大小来客观地表示肌肉的嫩度。从力学角度看,剪切是指物料受到两个大小相等、方向相反、但作用线靠得很近的两个力的作用时,其结果使物料受力处的两个截面产生相对错动。当剪切力达到一定程度时,物料被剪断。大量试验表明,剪切力值(shear value)与主观评定法之间的相关系数达 0.60～0.85,平均为 0.75,这表明该仪器可以对嫩度进行良好估计。

4.2.2　仪器

质构仪(TA-XT2i)、圆形钻孔取样器(直径为 1.27cm)、电热恒温水浴锅、热电偶测温仪。

4.2.3　实验步骤

(1)取样品,切成 6cm×3cm×3cm 大小,剔除肉表面的筋、腱、膜及脂肪,置于真空包装袋中。

(2)置于80℃水浴加热到中心温度70℃(中心温度用穿刺热电偶测温仪测定),然后室温冷却。

(3)放在 0~4℃ 条件下过夜。

(4)用直径为 1.27cm 的空心取样器顺着肌纤维的方向取下肉柱,孔样长度不少于 2.5cm,取样位置应距离样品边缘不少于 5mm,两个取样的边缘间距不少于 5mm,剔除有明显缺陷的孔样,测定样品数量不少于 3 个。

(5)用质构仪(TA-XT2i)测定每个肉柱的剪切力值,将孔样置于仪器的刀槽上,使肌纤维与刀口走向垂直。启动仪器剪切肉样,测得刀具切割这一用力过程中的最大剪切力值(峰值)为孔样剪切力的测定值。重复测定 6 次以上,同一肉块上的所有肉柱的均值为此肉块的剪切力值。

4.2.4　测定仪器参数设置

测定参数(Parameters)设置如下:

测前速(Pre-test Speed):2.0mm/s;

测中速(Test Speed):1.0mm/s;

测后速(Post-test Speed):5.0mm/s;

下压距离(Distance):23.0mm;

负载类型(Trigger Type):Auto-40g;

探头(Probe)类型:HDP/BSW;

数据获得率(Data Acquisition Rate):200PPS(Point Per Second)。

使用 Texture Expert V1.0 软件进行分析。实验探头采用 HDP/BSW BLADE SET WITH GUILLOTINE,设置测定模式与类型(Test Mode and Option)、测定压缩时的力(Measure Force in Compression)。数据处理完成后恢复初位(Return to Start)。

4.2.5　计算

记录所有的测定数据,取各个孔样剪切力的测定值的平均值扣除空载运行最大剪切力,计算肉样的嫩度值。肉样嫩度的计算公式如下:

$$X = \frac{X_1 + X_2 + X_3 + \cdots + X_n}{n} + X_0$$

式中:X——肉样的嫩度,N;

$X_1, \cdots, X_n$——有效孔样的最大剪切力,N;

X_0——空载运行最大剪切力,N;

n——有效孔样数量。

记录数据时应仔细填写所取肉样种类、取样部位及检测数据;同一肉样,有效孔样的测定值允许的相对偏差应≤15%。

二维码 1-1
肉品质检验
(PPT)

实验二　肉与肉制品理化成分测定（香肠类制品除外）

1　水分含量测定

1.1　原理

样品与沙和乙醇充分混合，混合物在水浴上预干，然后在 $103\pm2℃$ 的温度下烘干至恒重，测其质量的损失。

1.2　仪器与设备

绞肉机：孔径不超过 4mm。

玻璃或金属称量瓶：直径至少为 60mm，高约 30mm。

细玻璃棒：末端扁平，略长于称量瓶直径。

1.3　试剂

所用试剂均为分析纯，所用水为蒸馏水或相当纯度的水。

沙粒：粒径应为 12～60 目。用自来水洗沙后，再用 6mol/L 盐酸煮沸 30min，并不断搅拌，倾去酸液，再用 6mol/L 盐酸重复这一操作，直至煮沸后的酸液不再变黄。用蒸馏水洗沙，至氯离子试验为阴性。于 150～160℃ 条件下将沙烘干，储存于密封瓶内备用。

试剂：95％乙醇。

1.4　操作方法与步骤

1.4.1　样品前处理

取有代表性的试样至少 200g，将样品于绞肉机中绞至少两次，使其均质化，充分混匀。绞碎的样品保存在密封的容器中。储存期间必须防止样品变质和成分变化，处理好的样品需在 24h 内进行分析。

1.4.2　器皿前处理

将盛有沙（沙重为样品的 3～4 倍）和玻璃棒的称量瓶置于 $103\pm2℃$ 的干燥箱中，瓶盖斜支于瓶边，加热 30min，盖上瓶盖后取出，置于干燥器中，冷却至室温，精确称量至 0.001g，并重复干燥至恒重。

1.4.3　干燥

精确称取试样 5～10g 于上述干燥至恒重的称量瓶中。根据试样的量加入乙醇5～10

mL,用玻璃棒混合后,将称量瓶及内含物置于水浴上,瓶盖斜支于瓶边。为了避免颗粒溅出,调节水浴温度在 60~80℃,并不断搅拌,蒸干乙醇。将称量瓶及内含物移入干燥箱中烘 2h,取出,放入干燥器中冷却至室温,精确称重,再放入干燥箱中烘干 1h,直至连续两次称重结果之差不超过 0.1%。

1.5 结果计算

用下式计算样品的水分含量:

$$X(\%) = \frac{m_2 - m_3}{m_2 - m_1} \times 100$$

式中:X——样品中的水分含量,%;

m_1——称量瓶、玻璃棒和沙的质量,g;

m_2——干燥前试样、称量瓶、玻璃棒和沙的质量,g;

m_3——干燥后试样、称量瓶、玻璃棒和沙的质量,g。

当分析结果符合允许差的要求时,取两次测定的算术平均值作为结果,精确到 0.1%。

允许差:由同一分析者同时或相继进行的两次测定的结果之差不得超过 0.5%。

2 蛋白质含量的测定(凯氏定氮法)

2.1 原理

在凯氏定氮过程中,样品中的蛋白质和其他有机成分在催化剂作用下被硫酸消化,总有机氮转化成硫酸铵,然后碱化蒸馏,中和消化液使氨游离,并将氨蒸馏至硼酸溶液中形成硼酸铵,用标准酸溶液滴定,测出样品转化后的氮含量。由于非蛋白组分中也含有氮,所以此方法的分析结果为样品中的粗蛋白含量。

2.2 试剂

所有试剂均用不含氨的蒸馏水配制。

(1)硫酸铜:消化过程中加入硫酸铜是为了增加反应速率,硫酸铜起催化剂的作用。

(2)硫酸钾:在消化过程中添加硫酸钾,它可与硫酸反应生成硫酸氢钾,可提高反应温度(纯硫酸沸点 330℃,添加硫酸钾后,沸点可达 400℃),加速反应进程。

(3)浓硫酸。

(4)2%硼酸溶液。

(5)混合指示剂:1 份 0.1%甲基红乙醇溶液与 5 份 0.1%溴甲酚绿乙醇溶液,临用时混合。也可用 2 份 0.1%甲基红乙醇溶液与 1 份 0.1%次甲基蓝乙醇溶液,临用时混合。

(6)0.025mol/L 硫酸标准溶液或 0.05mol/L 盐酸标准溶液。

2.3 仪器与设备

凯氏定氮蒸馏装置、分析天平、凯氏烧瓶、酸式滴定管、容量瓶(100mL)、量筒(100mL)、20mL 吸管、托盘天平、10mL 吸管、三角烧瓶。

2.4 操作方法

2.4.1 样品处理

精确称取 0.2～2.0g 固体样品,或 2～5g 半固体样品,或吸取 10～20mL 液体样品(含氮量 5～80mg),精确至 0.0002g。肉及肉制品取样量为 0.8～1.2g,移入干燥的 100mL 或 500mL 定氮瓶中,加入 0.2g 硫酸铜、3g 硫酸钾及 20mL 浓硫酸,稍摇匀后于瓶口放一小漏斗,将瓶以 45°角斜支于有小孔的石棉网上。小心加热,待内容物全部炭化,泡沫完全停止后,加强火力(360～410℃),并保持瓶内液体微沸至液体呈蓝绿色澄清透明后,再继续加热 0.5h。取下放冷,小心加 20mL 水,进一步放冷后,移入 100mL 容量瓶中,并用少量水洗定氮瓶,洗液并入容量瓶中。再加水至刻度,混匀备用。取与处理样品相同量的硫酸铜、硫酸钾、硫酸按同一方法做试剂空白实验。

2.4.2 凯氏定氮蒸馏装置

按如图 1-1 所示安装好凯氏定氮蒸馏装置,在蒸汽发生瓶内装水至约 2/3 处,加甲基红指示液数滴及数毫升硫酸,以保持水呈酸性。加入数粒玻璃珠以防暴沸,加热煮沸蒸汽发生瓶内的水。

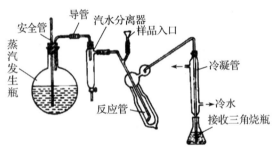

图 1-1　凯氏定氮蒸馏装置

2.4.3 半微量蒸馏

向锥形瓶内加入 2% 硼酸溶液 10mL 及混合指示液 1 滴,并使冷凝管的下端浸入液面下。准确移取样品消化液 10mL 注入蒸馏装置的反应管中,用少量蒸馏水冲洗进样入口,立即将夹子夹紧,再加 10mol/L 氢氧化钠溶液,小心松动夹子使之流入反应管,将夹子夹紧,且在入口处加水密封,防止漏气。蒸馏 5min,降下锥形瓶使冷凝管末端离开吸收液面,再蒸馏 1min,用蒸馏水冲洗冷凝管末端,洗液均流入锥形瓶内,然后停止蒸馏。取下接收瓶,供滴定。

2.4.4 滴定

蒸馏后的吸收液立即用 0.025mol/L 硫酸或 0.05mol/L 盐酸标准溶液(邻苯二甲酸氢钾法标定)滴定,溶液由蓝绿色变成灰色或灰红色为终点。

同时吸取 10mL 空白液按上述方法蒸馏,滴定。

2.4.5 计算

按下式计算样品粗蛋白质含量 W：

$$粗蛋白质含量 W(\%) = \frac{(V_2 - V_1) \cdot c \times 0.0140 \times F}{m \times \frac{V'}{V}} \times 100$$

式中：V_2——滴定样品时所需标准酸溶液体积，mL；

V_1——滴定空白样品时所需标准酸溶液体积，mL；

c——盐酸标准溶液浓度，mol/L；

m——试样质量，g；

V——试样消化液总体积，mL；

V'——试样消化液蒸馏用体积，mL；

0.0140——与 1.00 mL 盐酸标准溶液（1.000 mol/L）相当的、以克表示的氮的质量；

F——氮换算成蛋白质的平均系数。蛋白质中氮含量一般为 $15\% \sim 17.6\%$，按 16% 计算，则乘以 6.25 即为蛋白质含量。肉与肉制品的换算系数 F 为 6.25，乳制品的 F 为 6.38，玉米、高粱的 F 为 6.24，大豆及其制品的 F 为 5.71。

2.4.6 重复性要求

每个试样取两个平行样进行测定，以其算术平均值作为结果。

当粗蛋白质含量在 25% 以上时，允许相对偏差为 1%；

当粗蛋白质含量在 $10\% \sim 25\%$ 时，允许相对偏差为 2%；

当粗蛋白质含量在 10% 以下时，允许相对偏差为 3%。

3 脂肪含量测定（索氏提取法）

3.1 原理

试样与稀盐酸共同煮沸，游离出包含的和结合的脂类部分，过滤得到的物质，干燥，然后用正己烷或石油醚抽提留在滤器上的脂肪，除去溶剂，即得脂肪总量。

3.2 仪器与设备

实验室常规仪器和设备：滤纸袋或滤纸、针、线、恒温水浴锅、铁架台及铁夹、烘箱、小烧杯、分析天平、托盘天平、干燥器。

绞肉机：孔径不超过 4mm。

索氏抽提器。

3.3 试剂

所用试剂均为分析纯，所用水为蒸馏水或相当纯度的水。

抽提剂：正己烷或 $30 \sim 60$℃ 沸程石油醚。

盐酸溶液（2mol/L）。

蓝石蕊试纸。

沸石。

3.4 索氏抽提器的结构及作用原理

索氏抽提器(图 1-2)由抽提管（A）、接收瓶（B）和回流冷却器(C)三个部分组成。在抽提时,抽提管下端与接收瓶相接,而冷却器则与抽提管上端相接,抽提管经过蒸汽沿管（D）与接收瓶相通,以供醚的蒸汽由接收瓶进入抽提管中。而提取液则通过虹吸管（E）重新回流到接收瓶中。接收瓶在水浴上加热,所形成的蒸汽沿管（D）进入冷却器,并于冷却器中冷凝。被冷凝的醚滴入抽提管中,进行抽提,将脂肪抽出。当吸有脂肪的溶剂超过虹吸管（E）的顶端时,发生虹吸作用,使溶剂回流到接收瓶中,直到溶剂被吸净,虹吸管自动吸空。回流到接收器的溶剂继续受热蒸发。再经过冷却器冷凝重新滴入抽提管中,如此反复提取,将脂肪全部抽出。称取脂肪重量即可知脂肪的百分含量。

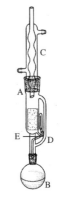

A:抽提管
B:接收瓶
C:回流冷却器
D:蒸汽沿管
E:虹吸管

图 1-2　索氏抽提器

3.5 测定方法与步骤

3.5.1 取样

取有代表性的试样至少 200g,于绞肉机中绞至少两次使其均质化并混匀。试样必须密闭储存于一容器中,且完全盛满,防止其腐败和成分变化,并尽可能提早分析试样。

3.5.2 酸水解

称取试样 3~5g(精确至 0.001g),置 250mL 锥形瓶中,加入 2mol/L 盐酸溶液 50mL,盖上小表面皿,于石棉网上用火加热至沸腾后,继续用小火煮沸 1h,并不时振摇。然后取下,加入热水 150mL,混匀,过滤。锥形瓶和小表面皿用热水洗净,并将洗液一并过滤。沉淀用热水洗至中性(用蓝石蕊试纸检验)。将沉淀连同滤纸置于大表面皿上,与锥形瓶和小表面皿一起在 103±2℃干燥箱内干燥 1h,冷却。

3.5.3 抽提脂肪

将烘干的滤纸放入衬有脱脂棉的滤纸筒中,用抽提剂润湿的脱脂棉擦净锥形瓶、小表面皿和大表面皿上残留的脂肪,放入滤纸筒中。将滤纸筒放入索氏抽提器的抽提筒内,连接内装少量沸石并已干燥至恒重的接收瓶,加入抽提剂至瓶内容积的 2/3 处,于水浴上加热,使抽提剂以每 5~6min 回流一次的速度抽提 4h。

3.5.4 称量

回流结束后,取下接收瓶,回收抽提剂,待瓶中抽提剂剩 1~2mL 时,在水浴上蒸干,于 103±2℃干燥箱内干燥 30min,取出置干燥器内冷却至室温,称重。重复以上烘干、冷却和称重过程,直到相继两次称量结果之差不超过试样质量的 0.1%。

3.5.5　抽提完全程度验证

用第二个内装沸石、已干燥至恒重的接收瓶,用新的抽提剂继续抽提 1h,增量不得超过试样质量的 0.1%。

同一试样测定两次。

3.5.6　结果计算

按下式计算试样总脂肪含量:

$$X(\%) = \frac{m_2 - m_1}{m} \times 100$$

式中:X——试样的总脂肪含量,%;

m_2——接收瓶、沸石连同脂肪的质量,g;

m_1——接收瓶和沸石的质量,g;

m——试样的质量,g。

当分析结果符合允许差的要求时,取两次测定的算术平均值作为结果,精确至 0.1%。

允许差:由同一分析者同时或相继进行的两次测定结果之差不得超过 0.5%。

注意:获得的脂肪不能用于脂肪性质的测定。

4　水分活性测定

4.1　原理

两种具有不同水分活性值的物品放在一起就会有水分的传递,水分活性高的物品失水,水分活性低的物品吸水而达到新的动态平衡。只有具有相同水分活性的物品才不会有水分的得失。水分的得失可用物品重量的增减来表示。我们用已知水分活性的物品与待测样品共存,给足够的时间让水分充分传递,然后算出水分得失量,最后用水分得失量为纵坐标,以水分活性为横坐标作图,交于横坐标的点(增重量为 0 的点)的数值即被测物品的水分活性值(A_w)。

例如,25℃时

$MgCl_2$ 饱和液的 A_w 为 0.33　　　待测样减重 20mg

NaCl 饱和液的 A_w 为 0.75　　　待测样增重 10mg

作图:如图 1-3 所示。

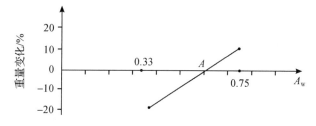

图 1-3　交于横坐标 A 点的值即为待测物品的水分活性值

4.2 仪器

微量扩散皿、分析天平、恒温箱、载样铝盒。

4.3 试剂

标准饱和盐溶液的 A_W 值（25℃）如下：

$K_2Cr_2O_7$	0.980	$BaCl_2 \cdot 2H_2O$	0.902
KNO_3	0.925	KCl	0.843
$CaCl_2$	0.82	KBr	0.807
$NaCl$	0.75	$NaNO_3$	0.738
$SrCl_2 \cdot 6H_2O$	0.708	$NaBr \cdot 2H_2O$	0.58
$Mg(NO_3)_2 \cdot 6H_2O$	0.52	K_2CO_3	0.43
$MgCl_2 \cdot 6H_2O$	0.33	$K_2C_2H_3O_2$	0.23
$LiCl \cdot H_2O$	0.11		

4.4 测定方法与步骤

（1）首先估计待测样的水分活性值，然后依据标准饱和盐溶液的 A_W 值选取 2 种盐，使其 A_W 值与待测样的 A_W 值相接近。

（2）准确称取已选定的两种标准盐各 5g，各放于微量扩散皿外室，加几滴蒸馏水将标准盐湿润。

（3）在分析天平上称取待测样品中心部位 1.5g（连载样铝盒一起称重）两份，称重后连同铝盒一起分别放于两个装有标准盐的微量扩散皿内室中。

（4）将微量扩散皿边缘均匀地涂上凡士林，加盖密封，放于 25℃ 的恒温箱中 3～4h，然后将载样盒取出于分析天平上称重。

4.5 计算

根据样品与标准盐溶液间的水分交换毫克数与标准盐溶液的 A_W 值作图，找出与横轴交点。其 A_W 值就是待测样品的水分活性值。

注意：①称重的速度及精确度将直接影响结果的准确度。

②挥发性物质含量较多时，不易用此法测定。

实验三　腌腊肉制品的制作

腌腊肉制品包括腊肉类、咸肉类和腌制肉制品三种。通过本实验的学习了解腌腊肉制品的加工工艺,并初步掌握其制作方法。

(一)广式腊肉的制作

1　实验目的与要求

广东腊肉,亦称广式腊肉,是广东地方有名的肉制品,颇受消费者欢迎,畅销国内和东南亚等地。

本实验要求掌握制作广式腊肉的工艺流程、制作要点及质量控制操作要点。通过实验,进一步认识和理解广式腊肉的加工要点。

2　实验材料与仪器设备

2.1　材料与配方

以每100kg去骨猪肋条肉为标准:白糖3.7kg、硝酸盐40g、精制食盐1.9kg、大曲酒(60度)1.6kg、白酱油6.3kg、麻油1.5kg。

2.2　仪器设备

刀具、砧板、台秤、烘房、不锈钢盆、蒸煮锅、电磁炉、腌制缸、竹竿、麻绳。

3　工艺流程

原料的选择→剔骨、切条→洗肉条→腌渍→烘烤→包装→成品。

4　操作要点

4.1　原料的选择

选用经过兽医卫生检验合格的不带奶脯的猪肋条肉为原料。

4.2 剔骨、切条

剔去全部肋条骨、椎骨和软骨,修割整齐后,切成长约 35~50cm(根据猪身大小灵活掌握)、重约 180~200g 的薄肉条,并在肉的上端用尖刀穿一个小孔,系上 15cm 长的麻绳,以便于悬挂。

4.3 洗肉条

把切成条状的肋肉浸泡到约 30℃ 的清洁水中,漂洗约 1~2min,以除去肉条表面的浮油,然后取出沥干水分。

4.4 腌渍

按上述配料标准先把白糖、亚硝酸盐、精盐倒入容器中,然后再加大曲酒、白酱油、麻油,使固体腌渍料和液体调料充分混合拌匀,并完全溶化后,把切好的肉条放进腌肉缸(或盆)中,随即翻动,使每根肉条都与腌渍液接触,这样腌渍约 8h,配料完全被肉条吸收,取出挂在竹竿上,等待烘烤。

4.5 烘烤

肉在进入烘烤前,先在烘房内放火盆,使烘房内的温度上升到 50℃,这时用炭把火压住,然后把腌渍好的肉条悬挂在烘房的横竿上,肉条挂完后,再将火盆中压火的炭拨开,使其燃烧,进行烘制。

烘制时底层温度在 80℃ 左右,不宜太高,以免烤焦;但温度也不能太低,以免水分蒸发不足。因此,烘房内的温度要求恒定,不可忽高忽低,以免影响产品质量。烘房内同层各部位温度要求均匀。如果是连续烘制,那么下层的是当天进烘房的,中层是前一天进烘房的,上层则是前两天腌制的,也就是烘房内悬挂的肉条每 24h 往上升高一层,最上层经 72h 烘烤,如果表皮干燥,并有出油现象,即可出烘房。

烘制后的肉条,送入干燥通风的晾挂室中晾挂,等肉温降到室温时即可。如果遇到雨天,应将门窗紧闭,以免吸潮。

4.6 包装

冷凉后的肉条即为腊肉成品,用竹筐或麻板纸箱盛装。箱底应用竹叶垫底,腊肉则用防潮蜡纸包装。由于腊肉极易吸湿,应尽量避免在阴雨天包纸装箱,以保证产品质量。

5 质量评价

5.1 感官指标

产品外形整齐;肥肉金黄、透明;瘦肉深红,肉身干燥,富有光泽;具有特殊的腌腊制品风味;无异味、无酸败味。

5.2　理化指标

过氧化值(以脂肪计)≤0.50g/100g;酸价(以脂肪计)≤4.0mg/g;亚硝酸盐含量(以 $NaNO_2$ 计)≤30mg/kg。

6　思考题

(1)如何控制广式腊肉的烘烤?
(2)如何提高广式腊肉的品质,比如脂肪氧化的控制等问题?

(二)南京板鸭的制作

1　实验目的与要求

板鸭,中国南方地区名菜,亦是江苏、福建、江西等省的特产,是以鸭子为原料的腌腊食品,分腊板鸭和春板鸭两种,前者的产季是大雪至立冬,后者的产季是立春至清明,质量以前者为佳。因其肉质细嫩紧密,香味浓郁,又"干、板、酥、烂、香",像一块板似的,故名板鸭。农业部对中国四大板鸭做出了官方认定,全国有四大品牌板鸭,分别是江苏南京板鸭、福建建瓯板鸭、江西南安板鸭和四川建昌板鸭。

本实验要求掌握制作南京板鸭的工艺流程、制作要点及质量控制操作要点。通过实验,进一步认识和理解南京板鸭的加工要点。

2　实验材料与仪器设备

2.1　材料与配方

樱桃谷瘦肉型育肥仔鸭,重约150kg,70~80只。
干腌辅料:腌鸭用的盐一般为食盐,经炒干磨细,每100kg食盐加入八角茴香1.25kg。
湿腌辅料:洗鸭血水150kg,食盐50kg,鲜姜60g,八角31g,葱100g,煮沸后使盐卤产生香味。

2.2　仪器设备

刀具、砧板、台秤、腌制缸、蒸煮锅、电磁炉、不锈钢盆、波美计。

3 工艺流程

原料的选择→修整→腌制→叠坯→排坯→成熟→成品。

4 操作要点

4.1 原料的选择

选用经过兽医卫生检验合格的樱桃谷瘦肉型育肥仔鸭,宰杀拔毛后切去翅膀和脚爪,然后在右翅下开膛,取出全部内脏,用清水冲洗体内外,再放入冷水中浸泡 1h 左右,挂起晾干待用。

4.2 修整

把鸭子放在砧板上,背向下,腹朝上,头向里,尾朝外,将右掌与左掌放在胸骨部,用力向下压,压扁三叉骨,鸭身呈长方形。这样从前面和后面看,鸭体方正、肥大、外形好看,在腌制或入缸储存时,也可节省地方。

4.3 腌制

(1)擦盐:一般 1.5kg 重的鸭子用炒盐 95g。先用 70g 放入右翅下开口内,然后把鸭子放在案上,左右转动,使腹腔内布满食盐。再把余下的 25g 盐,在鸭双腿下部用力向上抹一抹,使肌肉因受抹的压力,离腿骨向上收缩,这时取盐在大腿上再抹两下,盐从骨与肉分离处入内,使大腿肌肉能充分腌制。在颈部刀口外,也应撒盐,最后把剩余的盐轻轻搓揉在胸部两侧肌肉上。

(2)抠卤:擦盐后的鸭子,逐只叠入缸中,经过 12h 后,肌肉中的一部分水分、血液被盐液渗出存在腹腔内。为使这些卤水迅速流出,用右手提起鸭的右翅,再把左手的食指和中指插入肛门,即可放出盐卤。由于用盐腌后,肛门收缩,盐卤不易流出,用手导出卤水,这一过程叫抠卤。第一次抠卤后,鸭子再叠入缸中,8h 后再行第二次抠卤,目的是使鸭子腌透,拔出肌肉中剩余血水,使肌肉美观。

(3)复卤:抠卤后进行复卤,这一过程特别重要。新卤腌板鸭不如老卤好,卤越老越好。腌鸭后的新卤煮沸 2～3 次以上即成为老卤。盐卤须保持清洁,但腌一次后,一部分血液渗入卤内,使盐卤逐渐变为淡红色,所以要澄清盐卤,在腌鸭 5～6 次后,须煮沸一次。盐卤咸度保持在 22～25°Be 为宜。

复卤时,右手抓鸭子右翅膀,左手各个指头分别抠鸭子右翅膀下的刀口,放入卤水中,使每只鸭子体腔内灌满盐卤,然后提起鸭子使鸭颈部也浸到盐卤中,再把鸭子放进卤缸,由直形口处再灌满盐卤,逐只平放在卤缸中。为防止鸭身上浮,应用竹编盖上,放上木条及石块压紧压实。每缸盛卤 200kg,可容复卤鸭子 70 只左右,在卤缸内复卤 24h 即可全腌透;但也要按鸭体大小、气候条件掌握复卤时间。复卤完的鸭子即可出缸。

4.4 叠坯

将滴尽卤水的鸭子放在案板上,背向下,头向里,尾向外,用右手手掌与左手手掌相互叠起,放在鸭的胸部,用力下压,则胸部的人字骨被压下,使鸭成扁形。这种操作前面已做过,由于鸭子被卤水浸泡后,人字骨又凸起,必须再次将鸭体压扁,把四肢排开,然后盘入缸中,头向缸中心,鸭身沿缸边,把鸭子逐只盘叠好,这个工作叫叠坯。叠在缸中时间约2～4d,此后就可出缸排坯。

4.5 排坯

把叠在缸中的鸭子取出,用清水把鸭身洗净,排在木档钉子上,用手把嗉口(颈部)排开,按平胸部,档挑起(用手指将两腿间肛门部挑成球形),再用清水冲洗。冲洗后挂在通风良好处吹干。等鸭体上水滴完,皮吹干后,收回再排一次,加盖印章,转入仓库晾挂保管,这个工序叫排坯,目的在于使鸭形肥大美观,同时也使鸭子内部通气。

4.6 成熟

把排坯盖印后的鸭子悬挂在仓库内,库内必须四周通风,不受日晒雨淋。库房上空安设木档,各木档间距离50cm。木档两面钉上悬挂鸭子的钉子,钉与钉间的距离为15cm,每个钉可挂2只鸭,在鸭与鸭之间加上芦柴一根,从腰部隔开。在悬挂鸭坯时,必须选择长短一致的鸭子挂在一起,芦柴全部隔在腰部,晾挂两周后(遇阴雨天,时间要适当延长),即为板鸭成品。

5　质量评价

5.1　感官指标

鸭身表面无霉点,无异味,无酸败味。

5.2　理化指标

过氧化值(以脂肪计)$\leqslant 2.50g/100g$;酸价(以脂肪计)$\leqslant 1.6mg/g$;亚硝酸盐含量(以$NaNO_2$计)$\leqslant 30mg/kg$。

6　思考题

(1)南京板鸭的特点是什么?
(2)如何控制南京板鸭的成熟工序?

二维码 1-2
腌腊制品制作
(PPT)

实验四　熏烧焙烤肉制品的制作

通过对烤鸡和叉烧肉等肉制品的制作，了解熏烧焙烤类肉制品的加工工艺和技术要点，掌握该类肉制品的加工工艺及设备的使用。

（一）烤鸡的制作

1　实验目的与要求

烤鸡以鸡为原料，用烤箱烤制而成。制作者可依据自己的口味添加不同的调料制成各种口味的烤鸡。

本实验要求掌握制作烤鸡的工艺流程、制作要点及质量控制操作要点。通过实验，进一步认识和理解烤鸡的加工要点。

2　实验材料与仪器设备

2.1　材料与配方

（1）腌制料：按每 50kg 腌制液计，生姜 100g，葱 150g，八角 150g，花椒 100g，香菇 50g，食盐 8.5kg。将八角、花椒包入纱布包内，与香菇、葱、姜一起放入水中煮制，沸腾后将料水倒入腌制缸内，加盐溶解，冷却后备用。

（2）腹腔涂料：香油 100g，鲜辣粉 50g，味精 15g，拌匀后待用。上述涂料约可涂 25～30 只鸡。

（3）腹腔填料：每只鸡放入生姜 2～3 片（10g），葱 2～3 根（15g），香菇 2 块（10g）。姜切成片状，葱打成结，香菇预先用温水泡软。

（4）皮料浸烫涂料：水 2.5kg，饴糖 500g，溶解加热至 100℃待浸烫用，此量够 100～150 只鸡用。刚出炉后的成品烤鸡表皮涂上香油。

2.2　仪器设备

刀具、砧板、台秤、不锈钢盆、烤炉、不锈钢托盘。

3　工艺流程

原料的选择→整形→腌制→涂放腔内涂料→填放腹内填料→浸烫涂皮料→烤制→成品。

4　操作要点

4.1　原料的选择

选用体重 1.5～2kg 的肉用仔鸡。这样的鸡肉质香嫩，净肉率高，制成烤鸡出品率高，风味佳。

4.2　整形

将净膛鸡，先去腿爪，再从放血处的颈部横切断，向下推脱颈皮、切断颈骨，去掉头颈，再将两翅反转成"8"字形。

4.3　腌制

将整形后的光鸡，逐只放入腌制缸中，用压盖将鸡压入液面以下，腌制时间根据鸡的大小、气温高低而定，一般腌制时间在 40～60min。腌制好后捞出晾干。不同腌制液的浓度对成品烤鸡的滋味、气味和质地三大指标影响较大，高浓度腌制液（17%）使得鸡体内的水分向外渗透，肉质相应老些，同时由于肌纤维的收缩，蛋白质发生聚合收缩，从而影响了芳香物质的挥发，导致鸡体香味不如腌制液浓度 8% 及 12% 的好。另外，高浓度盐溶液渗透性强，因而短时间即可达到腌制效果。腌制液浓度为 12% 的腌制效果较为理想，且咸度适中，色、香、味俱全。

4.4　涂放腔内涂料

把腌制好的光鸡放在砧板上，用带回头的棒具挑约 5g 的涂料插入腹腔并向四壁涂抹均匀。

4.5　填放腹内填料

向每只鸡腹腔内填入生姜 2～3 片、葱 2～3 根、香菇 2 块，然后用钢针缝好腹下开口，不让腹内汁液外流。

4.6　浸烫涂皮料

将填好料、缝好口的光鸡逐只放入加热到 100℃ 的皮料液中浸烫约 0.5min，然后取出挂起，晾干待烤。

4.7　烤制

一般用远红外线电烤炉，先将炉温升至 100℃，将鸡挂入炉内，不同规格的烤炉挂鸡数量不一样，当炉温升至 180℃ 时，恒温烤 15～20min，这时主要是烤熟鸡，然后再将炉温升高至 240℃ 烤 5～10min，此时主要是使鸡皮上色、发香。当鸡体全身上色均匀达到成品红色时立即出炉。出炉后趁热在鸡皮表面涂上一层香油,使鸡皮表面更加红艳发亮,擦好香油后即为成品烤鸡。

5　质量评价

5.1　感官指标

烤鸡皮色油亮,呈酱红色,肌肉切面无血水,脂肪滑而脆,烤香浓郁,油而不腻;无异味,无异臭。

5.2　微生物指标

微生物指标应符合表 1-1 的规定。

表 1-1　微生物指标

项目	指标
菌落总数,cfu/g	≤50000
大肠菌群,MPN/100g	≤90
致病菌(肠道致病菌及致病性球菌)	不得检出

6　思考题

(1)烤鸡有何特色?

(2)烤制工序如何操作才能确保烤鸡良好的品质?

(二)广东叉烧肉的制作

1　实验目的与要求

叉烧肉属于粤菜系,是广东风味之一,主要食材是猪里脊肉,主要烹饪工艺是烧烤。成品色泽红亮,肉嫩鲜香。

本实验要求掌握制作广东叉烧肉的工艺流程、操作要点及质量控制操作要点。通过实验,进一步认识和理解广东叉烧肉的加工要点。

2　实验材料与仪器设备

2.1　材料与配方

新鲜猪里脊肉 50kg,酱油 2kg,白糖 3.25kg,精盐 1kg,高度白酒 1kg,麦芽糖 2.5kg。

2.2　仪器设备

刀具、砧板、台秤、不锈钢盆、烤炉、不锈钢托盘。

3　工艺流程

原料肉的选择→整理→腌制→烤制→成品。

4　操作要点

4.1　原料肉选择

选择经兽医卫生检验合格的猪肉作为原料,以里脊肉为最好。

4.2　整理

剔除瘦肉中的筋腱,然后洗净,切成条块,长约 40cm、宽 3～4cm、厚约 1.5cm,每条重量 250～300g。

4.3　腌制

把肉条放入不锈钢盆中,加酱油、白糖和盐,与肉条拌和,腌制约 1h,每 20min 翻动一次,加酒与肉条拌匀,穿进排环(一种特制的烧烤器具),每环穿 10 条。

4.4　烤制

将炉温升至 100℃,再把用排环穿好的肉挂入炉内,关上炉门进行烘烤。注意翻动肉条,顶部微有焦斑,可覆以湿纸,调换肉面方向,约烤制 25～30min 出炉。出炉后,涂以麦芽糖清液(麦芽糖溶液要浓,成糖胶状),再进炉烧烤约 3min,取出即为成品。

5　质量评价

5.1　感官指标

色泽呈酱红色,色泽均匀,有光泽;软硬适度,香润光滑,咸甜适中;具有浓厚的烧烤肉香味。

5.2　微生物指标

微生物指标应符合表 1-2 的规定。

表 1-2　微生物指标

项目	指标
菌落总数,cfu/g	≤50000
大肠菌群,MPN/100g	≤90
致病菌(肠道致病菌及致病性球菌)	不得检出

6　思考题

(1)如何控制烤制的工序?

(2)叉烧肉出炉后为什么要刷麦芽糖再进行复烤?

实验五　酱卤肉制品的制作

通过对酱牛肉、镇江肴肉、盐水鸭等肉制品的加工和制作,掌握酱卤肉制品对原料和辅料选择的要求,了解各类酱卤肉制品的加工工艺、技术要点和设备的操作要领。

(一)酱牛肉的制作

1　实验目的与要求

酱牛肉是一种味道鲜美、营养丰富的酱肉制品,它的种类很多,深受消费者欢迎,尤以北京月盛斋的酱牛肉最为有名。酱牛肉主要有补中益气、滋养脾胃、强健筋骨、化痰息风、止渴止涎的功效。牛肉的营养丰富,富含蛋白质,氨基酸组成比猪肉更接近人体需要,能提高机体抗病能力,对生长发育及术后、病后调养的人在补充失血、修复组织等方面特别适宜,寒冬食牛肉可暖胃,是该季节的补益佳品。

本实验要求掌握制作酱牛肉的工艺流程、操作要点及质量控制操作要点。通过实验,进一步认识和理解酱牛肉的加工要点。

2　实验材料与仪器设备

2.1　材料与配方

以 100kg 精牛肉为标准:精盐 6kg,面酱 8kg,白酒 800g,葱(碎)1kg,鲜姜末 1kg,大蒜(去皮)1kg,小茴香粉 300g,五香粉 400g(包括桂皮、八角、砂仁、花椒、紫蔻)。

2.2　仪器设备

刀具、砧板、台秤、不锈钢盆、蒸煮锅、电磁炉、水桶、不锈钢托盘。

3　工艺流程

原料肉的选择→修整→预煮→煮制→成品。

4　操作要点

4.1　原料肉选择

选用经过兽医卫生检验合格的鲜牛肉为原料。

4.2　修整

将牛肉放入 15℃左右的水中浸泡,洗去肉表面的血液和杂物,把精牛肉切成 0.5～1kg 重的方块。

4.3　预煮

把肉块放入 100℃的沸水锅中煮 1h,为了除去腥膻味,可在水里加几块红萝卜,到时把肉块捞出,放入清水中浸漂,清除血沫及红萝卜块。

4.4　煮制

加入各种调料(即按上述配料标准)同漂洗过的牛肉块一起入锅煮制,水温保持在 95℃左右(勿使沸腾),煮 2h 后,将火力减弱,水温降低到 85℃左右,在这个温度下继续煮 2h 左右即可出锅。

4.5　成品

酱牛肉出锅时尽可能保持肉块的完整,放入不锈钢托盘中冷却后即为成品。酱牛肉的出品率约为 60%。

5　质量评价

5.1　感官指标

色泽酱红色,肉块大小均匀整齐,味道鲜美,无异物附着。

5.2　理化指标

食盐含量为 1.8%～2.5%。

5.3　微生物指标

微生物指标应符合表 1-3 的规定。

表 1-3 微生物指标

项目	指标
菌落总数,cfu/g	≤10000
大肠菌群,MPN/100g	≤50
致病菌(肠道致病菌及致病性球菌)	不得检出

6 思考题

(1)预煮的目的和作用是什么?

(2)如何提高酱牛肉的出品率?

(二)镇江肴肉的制作

1 实验目的与要求

镇江肴肉是江苏省镇江市著名传统肉制品。肴肉皮色洁白,光滑晶莹,卤冻透明,有特殊香味,肉质细嫩,味道鲜美,最大的特点是表层的胶冻透明似琥珀状。肴肉具有香、酥、鲜、嫩四大特色。

本实验要求掌握制作镇江肴肉的工艺流程、操作要点及质量控制操作要点。通过实验,进一步认识和理解镇江肴肉的加工要点。

2 实验材料与仪器设备

2.1 材料与配方

以猪蹄膀 100 只计:绍兴酒 250g,精盐 6.5kg,葱(切成段)250g,姜片 125g,花椒 75g,八角 75g,硝水 3kg(10g 硝酸钠混合于 5kg 水中),明矾 30g。

2.2 仪器设备

刀具、砧板、台秤、铁钎、不锈钢盆、蒸煮锅、电磁炉、水桶、不锈钢平盘、竹篾。

3 工艺流程

原料的选择与整形→腌制→漂洗→煮制→压蹄→成品。

4　操作要点

4.1　原料选择与整形

选用经过兽医卫生检验合格的猪的前后蹄膀为原料,去除残余的细毛,再去除肩胛骨、臂骨和大小腿骨。

4.2　腌制

将蹄膀平放在案板上,皮朝上,用铁钎在每只蹄膀的瘦肉上戳若干小孔,用精盐干擦皮、肉各处,等各部位都擦到以后,层层叠叠放在腌制缸中,皮面向下,叠时用 3% 的硝水溶液洒在每层肉上,多余的食盐同时撒在肉面上。在冬季约腌制 6～7d,每只蹄膀用盐 90g,在春秋季腌制 3～4d,用盐 110g,在夏季腌制 1～2d,用盐 125g。

4.3　漂洗

腌制好的蹄膀从腌制缸内取出,用 15～20℃ 的清水浸泡 2～3h(冬季浸泡 3h,夏季浸泡 2h),适当减轻咸味并去掉涩味,同时刮去皮上的杂物污垢,用清水漂洗干净。

4.4　煮制

用清水 50kg,加食盐 5kg 及明矾粉 15～20g,加热煮沸,撇去表层浮沫,并使其澄清。将上述澄清盐水注入锅中,加 60 度曲酒 250g、白糖 250g,另取花椒及八角各 125g,鲜姜、葱各 250g,分别装在两只纱布袋内,扎紧袋口,作为香料袋,放入盐水中,然后把腌制好、洗净的蹄膀 50kg 放入锅内,猪蹄膀皮朝上,逐层摆叠,最上一层皮向下,上用竹箅盖好,使蹄膀全部浸没在汤中。用旺火烧开,撇去浮在表层的泡沫,用重物压在竹箅上,改用小火煮,温度保持在 95℃ 左右,时间为 90min,将蹄膀上下翻换,重新放入锅内再煮 3h,用竹筷子试一试,如果肉已煮烂,竹筷就很容易刺入,这就恰到好处。捞出香料袋,肉汤留下继续使用。

4.5　压蹄

取长宽都为 40cm、边高为 4.3cm 的平盘 50 个,每个盘内平放猪蹄膀 2 只,皮向上,每5 个盘压在一起,上面再盖空盘 1 个,经 20min 后,将盘逐个移至锅边,把盘内油卤倒入锅内,用旺火把汤卤煮沸,撇去浮油,放入明矾 15g,清水 2.5kg,再煮沸,撇去浮油,将汤卤舀入蹄盘,使汤汁淹没肉面,放置于阴凉处冷却凝冻(天热时凉透后放入冰箱凝冻),即成晶莹透明的浅琥珀状水晶肴肉。

5　质量评价

5.1　感官指标

皮白,肉呈微红色,肉汁为透明晶体状,表面湿润,有弹性,无异味。

5.2　理化指标

亚硝酸盐含量(以 NaNO$_2$ 计)≤30mg/kg。

5.3　微生物指标

微生物指标应符合表 1-4 的规定。

表 1-4　微生物指标

项目	指标
菌落总数,cfu/g	≤10000
大肠菌群,MPN/100g	≤50
致病菌(肠道致病菌及致病性球菌)	不得检出

6　思考题

(1)在腌制过程中,如何控制食盐的用量?

(2)压蹄工序如何操作?

(三)南京盐水鸭的制作

1　实验目的与要求

南京盐水鸭是江苏省南京市著名地方传统特产,至今已有 400 年历史。南京盐水鸭一年四季均可生产,它的特点是腌制期短,复卤期也短,现做现售。盐水鸭表皮洁白,鸭肉娇嫩,口味鲜美,营养丰富,细细品味时,有香、酥、嫩的口感。

本实验要求掌握制作南京盐水鸭的工艺流程、操作要点及质量控制操作要点。通过实验,进一步认识和理解南京盐水鸭的加工要点。

2　实验材料与仪器设备

2.1　材料与配方

樱桃谷瘦肉型育肥仔鸭 1 只(重约 1500g),食盐 95g,八角 2.5g,花椒 2g,葱、姜适量。

2.2　仪器设备

刀具、砧板、台秤、竹管、腌制缸、蒸煮锅、电磁炉、水桶。

3　工艺流程

原料的选择→腌制→烘胚→上通→煮制→冷却切块→成品。

4　操作要点

4.1　原料的选择

选用经过兽医卫生检验合格的樱桃谷瘦肉型育肥仔鸭,宰杀拔毛后切去翅膀和脚爪,然后在右翅下开膛,取出全部内脏,用清水冲洗体内外,再放入冷水中浸泡 1h 左右,挂起晾干待用。

4.2　腌制

先干腌,即用食盐或八角粉炒制的盐涂擦鸭体内腔和体表,用盐量每只鸭 100~150g,擦后堆码腌制 2~4h,冬春季节长些,夏秋季节短些。然后扣卤,再行复卤 2~4h 即可出缸。复卤即用老卤腌制,老卤是加生姜、葱、八角熬煮后加入过饱和盐水腌制的卤。

4.3　烘胚

腌后的鸭体沥干盐卤,把鸭逐只挂于架子上,推至烘房内,以除去水汽,其温度为 40~50℃,时间约 20~30min,烘干后,鸭体表色未变时即可取出散热。注意烘炉要通风,温度绝不宜高,否则会影响盐水鸭的品质。

4.4　上通

用 6cm 长、中指粗的中空竹管或芦柴管插入鸭的肛门,俗称"插通"或"上通"。再从开口处填入腹腔料(姜 2~3 片、八角 2 粒、葱 1~2 根),然后用开水浇淋鸭体表,使肌肉和外皮绷紧,外形饱满。

4.5　煮制

水中加入三料(葱、姜、八角)煮沸,停止加热,将鸭坯放入锅中,开水很快进入体腔内,提鸭头放出腔内热水,再将鸭放入锅中让热水再次进入腔内,依次将鸭坯放入锅中,压上竹盖使鸭全浸没在液面以下,焖煮 20min,此时锅中水温约在 85℃,然后加热升温到锅边出现小泡,这时锅内水温约 90~95℃,提鸭倒汤,再入锅焖煮 20min 左右后,第二次加热升温,水温约 90~95℃时,再次提鸭倒汤,然后焖 5~10min,即可起锅。在焖煮过程中水不能开,始终维持在 85~90℃;否则,水开肉中脂肪溶解导致肉质变老,失去鲜嫩特色。

4.6 冷却切块

煮好的盐水鸭冷却后切块,取煮鸭的汤水适量,加入少量的食盐和味精,调制成最适口味,浇于鸭肉上即可食用。切块时必须晾凉后切,否则热切肉汁易流失,切不成型。

5 质量评价

5.1 感官指标

色泽淡白色;肉质细嫩、致密、坚实,切面平整;具有独特的盐水鸭香味,无异味;滋味醇厚,清香可口。

5.2 理化指标

水分含量≤55%,蛋白质含量≥10%。

5.3 微生物指标

微生物指标应符合表 1-5 的规定。

表 1-5 微生物指标

项目	指标
菌落总数,cfu/g	≤50000
大肠菌群,MPN/100g	≤100
致病菌(肠道致病菌及致病性球菌)	不得检出

6 思考题

(1)南京盐水鸭的特点是什么?

(2)什么是"提鸭倒汤",如何操作?

(四)东坡肉的制作

1 实验目的

东坡肉(滚肉、红烧肉)是杭州名菜,用猪肉炖制而成。其色、香、味俱佳,深受人们喜爱。慢火,少水,多酒,是制作这道菜的诀窍。一般是一块边长约为 6cm 的正方形猪肉,一半为肥肉,一半为瘦肉,入口香糯、肥而不腻,带有酒香,色泽红亮,味醇汁浓,酥烂而形不碎,十分美味。

通过本实验要求了解东坡肉的制作特点及配料要求,掌握制作工艺和制作设备的使用。

2 实验材料与仪器设备

2.1 材料与配方

猪肋条肉 100kg、白糖 6kg、黄酒 10kg、酱油 12kg、葱 8kg、生姜 6kg、味精 0.5kg、水 5～15kg。

2.2 仪器设备

蒸煮袋、杀菌锅、真空包装机、锅、电炉、刀具、砧板、台秤、水桶。

3 工艺流程

原料的选择→预煮→冷却切块→煮制→包装。

4 操作要点

4.1 原料的选择

选用经卫生检验合格的猪肋条、三精三肥的软肋为佳,呈长方形。刮洗去皮面上的污物。

4.2 预煮

将猪肋条肉放入锅中,加入清水,加热煮沸,然后将肉捞出用清水洗净,刮去杂毛和污物。

4.3 冷却切块

冷却后的猪肉切成 5～7cm 的方块。

4.4 煮制

锅底先垫姜片和葱,再将切好的肉块皮朝下整齐排放在锅内,然后加白糖、黄酒、酱油,加热煮沸,并维持微沸至汤汁快干时,将肉出锅,冷却至室温。

二维码 1-3
酱卤制品制作
(PPT)

4.5 真空包装

将煮好的肉,按包装规格称量装袋,装袋后用干净纱布擦净袋口上的油污,然后放入真空包装机内,抽真空至 −0.1MPa,然后封口,检查蒸煮袋的封口质量。

实验六　中式肠类制品的制作

通过本实验的学习,要求熟悉和了解各种中式肠类制品的原料、辅料要求及制作设备的使用方法,了解其操作和工艺流程,并掌握加工原理。

(一)哈尔滨风干肠的制作

1　实验目的与要求

哈尔滨风干肠是东北特产之一,因为味道鲜美、储存时间长、食用方便等特点,成为全国各地游客到哈尔滨的必带之物。肠的味道也和腊肠有点像,不过可能由于是北方的菜系,所以偏咸一点,又硬又韧,很有嚼头。

本实验要求掌握制作哈尔滨风干肠的工艺流程、操作要点及质量控制操作要点。通过实验,进一步认识和理解哈尔滨风干肠的加工要点。

2　实验材料与仪器设备

2.1　材料与配方

配方 1:猪瘦肉 90kg,猪肥肉 10kg,酱油 18～20kg,曲酒 500g,砂仁粉 125g,紫蔻粉 200g,桂皮粉 150g,花椒粉 100g,鲜姜 100g。

配方 2:猪瘦肉 85kg,猪肥肉 15kg,精盐 2.1kg,曲酒 500g,桂皮面 200g,丁香 60g,鲜姜 1g,花椒面 100g。

配方 3:猪瘦肉 80kg,猪肥肉 20kg,味素 500g,曲酒 500g,精盐 2kg,砂仁 150g,小茴香 100g,豆蔻 150g,姜 1kg,桂皮 400g。

2.2　仪器设备

刀具、砧板、台秤、不锈钢盆、拌馅机、灌肠机、电磁炉、蒸煮锅、细绳。

3　工艺流程

原料肉的选择→修整→肉的切块→制馅→灌制→日晒与烘烤→捆把→发酵成熟→煮制→成品。

4 操作要点

4.1 原料肉选择

选择经兽医卫生检验合格的猪肉作为原料,以腿肉和臀肉为最好,因为这些部位的肌肉组织多,结缔组织少。肥肉一般选用背部的皮下脂肪。

4.2 修整

首先将瘦肉和肥膘分开,剔除瘦肉中筋腱、血管、淋巴。

4.3 肉的切块

瘦肉与肥膘切成 1.0~1.2cm 的立方块,最好用手工切。用机械切由于摩擦产热使肉温提高,影响产品质量。目前为了加快生产速度,一般采用筛孔直径 2cm 的绞肉机绞碎。

4.4 制馅

将肥瘦猪肉倒入拌馅机内,开机搅拌均匀,再将各种配料加入,待肠馅搅拌均匀即可。

4.5 灌制

肉馅拌好后要马上灌制,用猪或羊小肠衣均可。灌制不可太满,以免肠体过粗。灌后要裁成每根长 1m,且要用手将每根肠撸匀,即可上杆晾挂。

4.6 日晒与烘烤

将香肠挂在木杆上,送到日光下暴晒 2~3d,然后挂于阴凉通风处,风干 3~4d。如果烘烤,烘烤室内温度控制在 42~49℃;最好温度保持恒定。若温度过高,使肠内脂肪融化,产生流油现象,肌肉色泽发暗,降低品质;若温度过低,延长烘烤时间,肠内水分排出缓慢,易引起发酵变质。烘烤时间为 24~48h。

4.7 捆把

将风干后的香肠取下,按每 6 根捆成一把。

4.8 发酵成熟

把捆好的香肠,横竖码垛,存放在阴凉、湿度合适场所,库房要求不见光,相对湿度为 75% 左右。如果存放场所过分干燥,易发生肠体流油、食盐析出等现象;如果湿度过大,易发生吸水,影响产品质量。发酵需经 10d 左右。在发酵过程中,水分要进一步少量蒸发,同时在肉中自身酶及微生物作用下,肠馅又进一步发生一些复杂的生物化学和物理化学变化,蛋白质与脂肪发生分解,产生风味物质,并和所加入的调味料互相弥合,使制品形成独特风味。

4.9　煮制

产品在出售前应进行煮制,煮制前要用温水洗一次,刷掉肠体表面的灰尘和污物。开水下锅,煮制 15min 即出锅,装入容器晾凉即为成品。

5　质量评价

瘦肉呈红褐色,脂肪呈乳白色,切面可见有少量的棕色调料点,肠体质干略有弹性,有粗皱纹,肥肉丁突出,直径不超过 1.5cm;具有独特的清香风味,味美适口,越嚼越香,久吃不腻,食后留有余香;易于保管,携带方便。

6　思考题

(1)日晒与烘烤的目的和作用是什么?
(2)如何提高哈尔滨风干肠的质量?

(二)广式香肠的制作

1　实验目的与要求

广式香肠,又称广式腊肠,具有外形美观、色泽明亮、香味醇厚、鲜味可口、皮薄肉嫩的特色。

本实验要求掌握制作广式香肠的工艺流程、操作要点及质量控制操作要点。通过实验,进一步认识和理解广式香肠的加工要点。

2　实验材料与仪器设备

2.1　材料与配方

猪瘦肉 35kg,肥膘肉 15kg,食盐 1.25kg,白糖 2kg,白酒 1.5kg,无色酱油 750g,鲜姜 500g(剁碎挤汁用),胡椒面 50g,味精 100g,亚硝酸钠 3g。

2.2　仪器设备

刀具、砧板、台秤、不锈钢盆、拌馅机、灌肠机、电磁炉、蒸煮锅、细绳。

3　工艺流程

原料肉的选择→修整→肉的切块→制馅→灌制→晾晒与烘烤→成品。

4　操作要点

4.1　原料肉选择

选择经兽医卫生检验合格的猪肉作为原料,以腿肉和臀肉为最好。

4.2　修整

首先将瘦肉和肥膘分开,剔除瘦肉中的筋腱、血管、淋巴。

4.3　肉的切块

瘦肉切成 1.0～1.2cm 的立方块,肥膘切成 0.9～1.0cm 的立方块。最好用手工切。如果用机械切,由于摩擦产热使肉温提高,影响产品质量。拌料前肉块需要用 35℃ 左右的温水浸烫,并洗掉肥膘丁表面的油污。

4.4　制馅

先在拌馅机内加入少量温水,放入盐、糖、酱油、姜汁、胡椒面、味精、亚硝酸钠等辅料,待搅拌均匀并且辅料溶解后加入瘦肉和肥膘丁,最后加入白酒,制成肉馅。拌馅时,要严格掌握用水量,一般为 4～5kg。

4.5　灌制

先用温水将羊肠衣泡软,洗干净。用灌肠机将肉馅灌入肠衣内。灌装时,要求均匀、结实,发现气泡用针刺排气。每隔 12cm 为 1 节,进行结扎。然后用温水将灌好的香肠漂洗一遍,串挂在竹竿上。

4.6　晾晒与烘烤

串挂好的香肠,放在阳光下暴晒,3h 左右翻转一次。晾晒 0.5～1d 后,转入烘房烘烤,温度要求 50～52℃,烘烤 24h 左右,即为成品。出品率为 62%。

5　质量评价

外观小巧玲珑,色泽红白相间,鲜明光亮。食之口感爽利,香甜可口,余味绵绵。

二维码 1-4
香肠制品制作
(PPT)

6　思考题

(1)肉块在拌馅前为什么需要用温水浸烫?

(2)烘烤温度的高低对广式香肠的品质有何影响?

（三）川式腊肠的制作

1 实验目的与要求

川式腊肠又称川式香肠、川味腊肠、川味香肠等，是一种非常古老的食物生产和肉食保存技术，以肉类为原料，经切、绞成丁，配以辅料，灌入动物肠衣经发酵、成熟干制而成。川式腊肠口味麻辣，外表油红色，色泽鲜艳，切开后红白相间，辣香扑鼻。食用方法多样，可蒸食、炒食、泡汤煮面等。

本实验要求掌握制作川式腊肠的工艺流程、操作要点及质量控制操作要点。通过实验，进一步认识和理解川式腊肠的加工要点。

2 实验材料与仪器设备

2.1 材料与配方

猪瘦肉 80kg，肥膘肉 20kg，食盐 3.0kg，白糖 1.0kg，曲酒 1.0kg，酱油 3.0kg，亚硝酸钠 3g，花椒粉 0.1kg，大料粉 15g，山奈粉 15g，桂皮粉 45g，甘草粉 30g，荜拨粉 45g。

2.2 仪器设备

刀具、砧板、台秤、烘烤房、不锈钢盆、拌馅机、灌肠机、电磁炉、细绳。

3 工艺流程

原料肉的选择→修整→肉的切块→制馅→灌制→漂洗→晾晒与烘烤→成品。

4 操作要点

4.1 原料肉选择

选择经兽医卫生检验合格的猪肉作为原料，以腿肉和臀肉为最好。

4.2 修整

首先将瘦肉和肥膘分开，剔除瘦肉中的筋腱、血管、淋巴。

4.3　肉的切块

瘦肉切成 0.8～1.0cm 的立方块,肥膘切成 0.6～1.8cm 的立方块。最好用手工切。如果用机械切,由于摩擦产热使肉温提高,影响产品质量。拌料前肉块需要用 35℃左右的温水清洗一次,以除去浮油和杂质,沥干水分后待用。

4.4　制馅

先在拌馅机内加入 6%～10%(原料肉重)左右的温水,放入盐、糖、酱油、亚硝酸钠、香辛料等辅料,待搅拌均匀并且辅料溶解后加入瘦肉和肥膘丁,最后加入曲酒,制成肉馅。腌制数分钟以后,就可以进行灌制。

4.5　灌制

先用温水将猪小肠衣泡软,洗干净。用灌肠机将肉馅灌入肠衣内。灌装时,要求均匀、结实,发现气泡用针刺排气。每隔 10～20cm 为 1 节,进行结扎。

4.6　漂洗

将灌制好的香肠用 35℃左右的温水漂洗一次,除去表面的污物,然后依次挂在竹竿上,以便晾晒和烘烤。

4.7　晾晒与烘烤

串挂好的香肠,放在阳光下暴晒,3h 左右翻转一次。晾晒 2～3d 后,转入烘房烘烤,温度要求 40～60℃,烘烤 72h 左右后再晾挂到通风良好的场所风干 10～15d 后即为成品。

5　质量评价

5.1　感官指标

外表色泽红亮,切开后红白相间,味道鲜美;肠体表面无霉点、无异味、无酸败味。

5.2　理化指标

过氧化值(以脂肪计)≤0.50g/100g;酸价(以脂肪计)≤4.0mg/g;亚硝酸盐含量(以 $NaNO_2$ 计)≤30mg/kg。

6　思考题

(1)肉块在拌馅前为什么需要用温水浸烫?

(2)烘烤温度的高低对川式腊肠的品质有何影响?

实验七　西式肉制品的制作

香肠、火腿和培根是主要的西式肉制品,通过对法兰克福香肠、慕尼黑白肠、培根及松仁小肚的制作,熟悉西式肉制品对原料及辅料的要求,掌握加工所需的设备和工艺流程及技术要点。

(一)法兰克福香肠的制作

1　实验目的与要求

法兰克福香肠是全世界的人们最受欢迎的香肠之一,它产生的历史非常悠久,可以追溯到 1562 年。法兰克福香肠的做法非常讲究和严格,各个步骤都有着严格的要求,制作工艺十分精细。

本实验要求掌握制作法兰克福香肠的工艺流程、操作要点及质量控制操作要点。通过实验,进一步认识和理解法兰克福香肠的加工要点。

2　实验材料与仪器设备

2.1　材料与配方

2.1.1　基础配方

猪瘦肉 2.5kg,五花肉 0.75kg,乳化皮 0.25kg,猪脂肪 0.5kg,冰水 1kg,盐 75g,亚硝酸钠 0.03g,复合磷酸盐 20g,白胡椒粉 15g,肉豆蔻衣粉 12.5g,芫荽籽粉 2.5g,姜粉 15g,红柿椒粉 12.5g,味精 2.5g,洋葱 100g,异抗坏血酸 5g。

2.1.2　乳化皮的制作

利用 10% 的盐水将猪皮在其中浸泡 12~24h,使毛孔全部张开;利用刮刀将肉皮上面残留的毛发剔除干净;将猪皮切块冷冻;猪皮+50% 的清水+50% 浸泡时的盐水来进行共同斩拌,斩拌以后进行冷冻;重复斩拌 2~3 次,作为基础乳化皮备用。

2.2　仪器设备

刀具、砧板、台秤、不锈钢盆、绞肉机、斩拌机、灌肠机、全自动一体化烟熏箱。

3　工艺流程

原料肉的选择→绞碎→冷藏→斩拌→灌制→干燥→烟熏→蒸煮→冷却→成品。

4　操作要点

4.1　原料的选择

选择经兽医卫生检验合格的猪肉作为原料,瘦肉以腿肉和臀肉为最好,五花肉以不带奶脯的猪肋条肉为最好,脂肪以背部的脂肪为最好。

4.2　绞碎

用刀盘孔径为 3mm 的绞肉机分别将瘦猪肉、五花肉和脂肪绞碎。

4.3　冷藏

将绞碎的原料肉在 4℃冰箱中冷藏过夜 12h 左右。

4.4　斩拌

将基础乳化皮＋瘦猪肉＋五花肉共同放入斩拌机中,高速斩拌 1～2min,添加 1/3 的碎冰,继续高速斩拌,然后添加食盐＋磷酸盐＋亚硝酸盐,高速斩拌 3～5min;加入香辛料,继续斩拌;加入脂肪(事先用 3mm 筛孔的绞肉机绞好)和剩余的碎冰,继续斩拌;加入异抗坏血酸钠,高速斩拌至温度为 12～14℃即可。

4.5　灌制

用灌肠机将肉馅灌入肠衣内(口径 22mm 的羊肠衣或者胶原蛋白肠衣)。灌装时,要求均匀、结实。联结到所需长度,然后再盘绕起来。

4.6　干燥

在全自动一体化烟熏箱中进行干燥,箱温 45℃,湿度 0％,时间 20min,风速 2 挡。

4.7　烟熏

在全自动一体化烟熏箱中进行烟熏,箱温 60℃,湿度 0％,时间 30min,风速 2 挡。

4.8　蒸煮

在全自动一体化烟熏箱中进行蒸煮,箱温 78℃,湿度 60％,时间 30min,风速 2 挡,测定肠体温度达到 72～74℃即可。

4.9 冷却

肠体迅速从蒸煮箱中取出,放在冰水中浸泡,使肠体的中心温度迅速降低到 30℃ 以下,捞出以后控干水分,迅速放入 4℃ 成品间冷藏。冷藏 10～12h 以后,将肠体进行真空包装。此类产品在冷藏的环境下,保质期最多在 15d。

5 质量评价

5.1 感官指标

色泽红棕色,肠衣饱满有光泽,结构紧密有弹性,香气浓郁,口味纯正,口感脆嫩。

5.2 微生物指标

微生物指标应符合表 1-6 的规定。

表 1-6 微生物指标

项目	指标
菌落总数,cfu/g	≤10000
大肠菌群,MPN/100g	≤30
致病菌(肠道致病菌及致病性球菌)	不得检出

6 思考题

(1)斩拌的最终温度对法兰克福香肠的质量有何影响?

(2)为什么要将肠体放在冰水中进行冷却降温?

(二)慕尼黑白肠的制作

1 实验目的与要求

慕尼黑白肠是德国巴伐利亚州一种传统香肠,因为它白色的外表而得名。白香肠需要去除外皮之后再食用,传统的吃法是直接用手拿着香肠,咬开香肠外皮,蘸着甜芥末吃。配着白香肠的自然是慕尼黑当地的 Brezel 面包圈和白啤酒,这种搭配是当地人的传统早餐。

本实验要求掌握制作慕尼黑白肠的工艺流程、操作要点及质量控制操作要点。通过实验,进一步认识和理解慕尼黑白肠的加工要点。

2　实验材料与仪器设备

2.1　材料与配方

2.1.1　基础配方

猪瘦肉 2.5kg,五花肉 0.75kg,乳化皮 0.25kg,猪脂肪 0.5kg,冰水 1kg,盐 75g,复合磷酸盐 20g,脱脂奶粉 120g,白胡椒粉 12.5g,肉豆蔻衣粉 3g,洋葱粉 12.5g,味精 2.5g,碎欧芹 50g,柠檬半个(挤汁备用),异抗坏血酸 5g。

2.1.2　乳化皮的制作

利用 10% 的盐水将猪皮在其中浸泡 12~24h,使毛孔全部张开;利用刮刀将肉皮上面残留的毛发剔除干净;将猪皮切块冷冻;猪皮+50% 的清水+50% 浸泡时的盐水来进行共同斩拌,斩拌以后进行冷冻;重复斩拌 2~3 次,作为基础乳化皮备用。

2.2　仪器设备

刀具、砧板、台秤、不锈钢盆、绞肉机、斩拌机、灌肠机、蒸煮箱。

3　工艺流程

原料肉的选择→绞碎→冷藏→斩拌→灌制→煮制→冷却→成品。

4　操作要点

4.1　原料的选择

选择经兽医卫生检验合格的猪肉作为原料,瘦肉以腿肉和臀肉为最好,五花肉以不带奶脯的猪肋条肉为最好,脂肪以背部的脂肪为最好。

4.2　绞碎

用刀盘孔径为 3mm 的绞肉机分别将瘦猪肉、五花肉和脂肪绞碎。

4.3　冷藏

将绞碎的原料肉在 4℃ 冰箱中冷藏过夜 12h 左右。

4.4　斩拌

将基础乳化皮+瘦猪肉+五花肉(均为事先用 3mm 筛孔的绞肉机绞好)共同放入斩拌机中,高速斩拌 1~2min;添加 1/3 的碎冰,继续高速斩拌;添加食盐+磷酸盐,高速斩拌 3~5min;加入香辛料,继续斩拌;加入脂肪(事先用 3mm 筛孔的绞肉机绞好)和剩余的碎冰,高速斩拌至温度为 12~14℃即可。

4.5　灌制

用灌肠机将肉馅灌入肠衣内(口径 24mm 的猪小肠衣)。灌装时,要求均匀、结实。联结到所需长度,然后再盘绕起来。

4.6　煮制

灌好的香肠放入热水中进行煮制,水温控制在 78℃左右,煮制时间大约 20min,最后要测定肉的中心温度,中心温度达到 72~74℃即可。

4.7　冷却

肠体迅速从蒸煮箱中取出,放在冰水中浸泡,使肠体的中心温度迅速降低到 30℃以下,捞出以后控干水分,迅速放入 4℃成品间冷藏。冷藏 10~12h 后,将肠体进行真空包装。此类产品在冷藏的环境下,保质期最多在 15d。

5　质量评价

5.1　感官指标

色泽洁白,肠衣饱满有光泽,结构紧密有弹性,香气浓郁,口味纯正。

5.2　微生物指标

微生物指标应符合表 1-7 的规定。

表 1-7　微生物指标

项目	指标
菌落总数,cfu/g	≤10000
大肠菌群,MPN/100g	≤30
致病菌(肠道致病菌及致病性球菌)	不得检出

6　思考题

(1)为什么白肠的加工中要加入脱脂奶粉?

(2)在白肠的加工中为什么没有添加亚硝酸钠?

(三)培根的制作

1 实验目的与要求

培根系由英语单词"bacon"音译而来,其原意是烟熏肋条肉(即方肉)或烟熏咸背脊肉。培根是西式肉制品三大主要品种之一,其风味除带有适口的咸味之外,还具有浓郁的烟熏香味。

本实验要求掌握制作培根的工艺流程、操作要点及质量控制操作要点。通过实验,进一步认识和理解培根的加工要点。

2 实验材料与仪器设备

2.1 材料与配方

猪五花肉 100kg、食盐 8kg、亚硝酸钠 50g。

2.2 仪器设备

刀具、砧板、台秤、不锈钢盆、全自动一体化烟熏箱、细绳。

3 工艺流程

原料肉的选择→整形→腌制→整修→烟熏→冷却→成品。

4 操作要点

4.1 原料的选择

选用经兽医检验合格、肥膘厚 1.5cm 左右的细皮白肉猪五花肉。去骨操作时力求保持肉皮完整,不破坏整块原料,在基本保持原形的原则下,做到骨上不带肉,肉中无碎骨遗留。

4.2 整形

将去骨后的原料进行修割,使其表面和四周整齐、光滑。整形决定产品的规格和形状。培根成方形,应注意每一边是否成直线,如果有一边不整齐,可用刀修成直线条,割去过厚肉层。修去碎肉、碎油、筋膜、血块等杂物,刮尽皮上残毛。

4.3　腌制

腌制过程需在低温库中进行,即将原料送至 2~4℃的冷库中,将肉泡在 15~16°Be(波美度)的盐水(包含食盐和亚硝酸钠)中 12h。

4.4　整修

腌好的肉浸在水中 2~3h,再用清水洗 1 次,刮净皮面上的细毛杂质,修整边缘和肉面的碎肉、碎油。穿绳,即在肉条的一端穿麻绳,便于串入挂杆,每杆挂肉 4~5 块,保持一定间距后熏烤。

4.5　烟熏

在全自动一体化烟熏箱中进行干燥,主要技术参数如下:
(1)干燥 1:箱温 50℃,湿度 0%,时间 30min,风速 2 挡;
(2)干燥 2:箱温 60℃,湿度 0%,时间 15min,风速 2 挡;
(3)烟熏 1:箱温 65℃,湿度 0%,时间 20min,风速 2 挡;
(4)烟熏 2:箱温 85℃,湿度 0%,时间 40min,风速 2 挡;
(5)烟熏 3:箱温 100℃,湿度 0%,时间 30~60min,风速 2 挡;最后测定培根温度达到 72~74℃时即可。

4.6　冷却

培根迅速从蒸煮箱中取出,迅速放入 4℃成品间冷藏。冷藏 10~12h 以后将培根进行真空包装。

5　质量评价

5.1　感官指标

培根外表油润,呈金黄色,皮质坚硬,用手指弹击有轻度的"卟卟"声;瘦肉呈深棕色,质地干硬,切开后肉色鲜艳。

5.2　理化指标

过氧化值(以脂肪计)≤0.50g/100g;酸价(以脂肪计)≤4.0mg/g;亚硝酸盐含量(以 $NaNO_2$ 计)≤30mg/kg。

6　思考题

(1)培根的特点是什么?
(2)原料肉是否对培根的品质有很大影响?

(四)松仁小肚的制作

1 实验目的与要求

松仁小肚是黑龙江省哈尔滨市的汉族传统名菜,属于风味产品。松仁小肚味鲜美,清香可口,入口爽利,易咀嚼。

本实验要求掌握制作松仁小肚的工艺流程、操作要点及质量控制操作要点。通过实验,进一步认识和理解松仁小肚的加工要点。

2 实验材料与仪器设备

2.1 材料与配方

猪瘦肉 100kg,复合磷酸盐 0.4kg,调味品 0.4kg,红曲米粉 150g,香油 2kg,松仁 200g,食盐 5.0kg,生姜 1.5kg,元葱 2kg,花椒水 2kg,湿绿豆淀粉 30kg,水 60kg。

2.2 仪器设备

刀具、砧板、台秤、拌馅机、不锈钢盆、电磁炉、蒸煮锅、熏细绳、竹针或锥子。

3 工艺流程

原料肉的选择→修整和切片→制馅→灌制→煮制→糖熏→成品。

4 操作要点

4.1 原料肉选择

选择经兽医卫生检验合格的猪肉作为原料,以腿肉和臀肉为最好,因为这些部位的肌肉组织多,结缔组织少。

4.2 修整和切片

剔除瘦肉中的筋腱、血管、淋巴,然后将肉切成 4～5cm 长、3～4cm 宽和 2～2.5cm 厚的小薄片。

4.3　制馅

把肉片、湿绿豆淀粉和全部辅料一并放入拌馅机内,加入清水溶解拌匀,搅到馅浓稠带黏性为止。

4.4　灌制

将肚皮洗净,沥干水分,灌入 70%～80% 的肉馅,用竹针缝好肚皮口,每灌 3～5 个以后将馅用手搅拌一次,以免肉馅沉淀。

4.5　煮制

下锅前用手将小肚搓揉均匀,防止沉淀。水沸时入锅,保持水温 85℃ 左右。入锅后每半小时左右扎针放气一次,把肚内油水放尽。并经常翻动,以免生熟不均。锅内的浮沫随时清出,煮 2h 出锅。

4.6　糖熏

熏锅内糖和锯末的比例为 3∶1,即 3kg 糖,1kg 锯末。将煮好的小肚装入熏屉,间隔3～4cm,便于熏透、熏均匀。熏制 2～3min 后出炉,晾凉后即为成品。

5　质量评价

外表呈棕褐色,烟熏均匀,光亮润滑;肚内瘦肉呈淡红色,淀粉浅灰;外皮无皱纹,不破不裂,坚实而有弹性;灌馅均匀,中心部位的馅熟透,无黏性,切断面较透明光亮;味鲜美,清香可口。

6　思考题

(1)在制作松仁小肚过程中为什么要使用绿豆淀粉?
(2)为什么松仁小肚煮制之前要用手搓揉均匀?

实验八　油炸肉制品的制作

　　油炸是世界流行的肉制品加工方式,通过对炸鸡块、炸肉丸和金丝牛肉等制品的制作,了解常用肉制品的油炸工艺流程,掌握油炸过程中发生的变化及原理。

(一)炸鸡块的制作

1　实验目的与要求

　　随着中国经济的不断发展,人们生活水平的不断提高,生活节奏的不断加快,近年来,肯德基、麦当劳等美式快餐在国内市场迅猛发展,其油炸鸡翅、鸡腿等产品深受青年人及小朋友的喜爱。

　　本实验要求掌握制作油炸鸡块的工艺流程、操作要点及质量控制操作要点。通过实验,进一步认识和理解炸鸡块的加工要点。

2　实验材料与仪器设备

2.1　材料及配方

　　鸡腿、盐、糖、味精、香精、脆皮素、蒜粉、白胡椒粉、姜粉、桂皮粉、孜然粉、小茴香粉、桂皮粉、玉米淀粉、马铃薯变性淀粉、小苏打等。

2.1.1　腌制料配方

　　鸡肉 8kg,水 2kg,盐 0.15kg,白糖 0.2kg,味精 30g,玉米淀粉 0.4kg,小茴香粉 20g,姜粉 20g,蒜粉 15g,白胡椒粉 15g,三黄鸡香精 10g,桂皮粉 10g,孜然粉 80g。

2.1.2　裹粉配方

　　面粉 0.5kg,马铃薯变性淀粉 0.4kg,玉米淀粉 0.2kg,盐 30g,脆皮素 10g,味精 30g,小苏打 30g,白胡椒粉 10g,蒜粉 20g。

2.2　仪器设备

　　刀具、砧板、台秤、不锈钢盆、油炸设备、细绳。

3　工艺流程

原料→腌制→裹粉→油炸→成品。

4　操作要点

4.1　原料肉选择

选择经兽医卫生检验合格的新鲜鸡腿肉作为原料,或将冷冻鸡腿解冻后洗干净备用。

4.2　腌制

将清洗并沥干水分的鸡腿放入调好的腌渍料中,腌渍 2～3h。鸡腿原料需要改刀,需在表皮上轻划几刀后再进行腌渍。

4.3　裹粉

采用粉水粉工艺。

(1)先将腌好的原料取出,沥干,保持表面湿润不滴水。

(2)埋入调配好的裹粉料中,用力翻滚揉压 5 次以上。

(3)取出,抖去多余粉料,将鸡腿浸入清水中 2s 左右,忌翻动,至鸡腿表面的裹粉湿润成糊状,立即取出沥干水分。

(4)再次放入干粉中进行裹粉,用力翻滚揉压 5 次以上,抖掉表面多余粉料,重复裹粉,直至表面挂上鳞片状粉料。

4.4　油炸

将油炸设备打开后设置温度,在 170℃左右油炸 4～6min,油炸至鸡腿呈金黄色捞出,以牙签刺最厚处无血水冒出即为炸熟。

以上为孜然味炸鸡粉的配方及生产应用,其他口味如香辣味、香蒜味等可参照以上配方,将腌制料稍做调整即可。

(二)炸肉丸的制作

1　实验目的与要求

炸肉丸是我国非常流行的食品,富含黏液质,具有清肺热、生津润肺、化痰利肠、清热泻火等功效。本实验要求了解常用的肉丸制作及油炸工艺,掌握其中的工艺要点和设备操作方法。

2　实验材料与仪器设备

2.1　材料与配方

净猪肉 50kg,淀粉 12kg,盐 750g,酱油 750g,鲜姜 500g,大葱 1kg,豆油 4.5kg。

2.2　仪器设备

刀具、砧板、台秤、不锈钢盆、油炸设备、铰刀。

3　工艺流程

原料肉的选择→制馅→油炸→冷却→成品。

4　操作要点

4.1　原料肉选择

选择经兽医卫生检验合格的猪肉作为原料,以肥瘦相间的五花肉为好。

4.2　制馅

葱姜切细,泡入水中,用手抓拌成葱姜水;猪肉用绞肉机绞成馅,分次加葱姜水,顺一个方向搅拌,调入淀粉、盐、料酒、鸡精、香油,继续顺一个方向均匀搅拌至黏稠。

4.3　油炸

锅内热油,五成热时改中小火,将肉馅挤成小丸子(或一手拿一小勺,勺上沾水,取适量肉馅,将肉馅在小勺和另一只手的掌心之间轻轻来往摔打数次)下锅炸至外表微黄捞起。

等所有的小丸子都做好后,将火改成中大火,待油温升至八成热时,放入丸子,复炸至外表成金黄色,捞出沥油。

4.4　冷却

炸好的丸子取出冷却即可,也可以在冷却前加入其他调料。

(三)金丝牛肉的制作

1 实验目的与要求

金丝牛肉系宜宾传统名品之一,采用传统工艺,经严格选料、精制加工而成。金丝牛肉具有形似蚕丝、色似朱砂、油亮光洁、芳香扑鼻、绵软可口、回味悠长等特点,为佐酒辅膳之佳品。

本实验要求了解并掌握金丝牛肉的加工工艺和技术要点,学习油炸设备的使用方法和技巧。

2 实验材料与仪器设备

2.1 材料与配方

新鲜(冷冻)牛肉 50kg,白砂糖 1.2kg,酱油 0.25kg,食盐 1.2kg,味精 0.75kg,花椒 0.15kg,姜 0.45kg,混合天然香辛料 0.45kg,曲酒(60%)0.55kg,冰糖 0.45kg,麻油 1.25kg。

2.2 仪器设备

刀具、砧板、台秤、不锈钢盆、蒸煮锅、电磁炉、油锅或其他油炸设备、熏烤炉。

3 工艺流程

原料肉的选择→煮制→修整→油炸→熏制→冷却包装→成品。

4 操作要点

4.1 原料肉选择

将牛肉顺肌肉纤维分割成净重为 1.2kg 左右的肉块。将分割好的牛肉逐块修整,去掉全部皮下和外露脂肪,切掉板筋、腱、筋头以及外露淋巴结和病变组织,每块牛肉保持其肌膜完整。修整好的牛肉于 35～40℃的水中漂洗约 15min,洗净血污。

4.2　煮制

将漂洗干净的牛肉放置于煮沸的水中,按比例加入食盐、姜等调料。加水以淹没牛肉块为准。经蒸煮 1.5h 以上,牛肉熟透后起锅,晾至室温即可。

4.3　整形

整形是宜宾金丝牛肉加工中最为精细、费事的关键环节。制作时必须顺着牛肌肉纤维组织方向撕条,基本达到肉丝长度为 22mm、直径 1.2mm 的合格品。

4.4　油炸

将整形好的肉丝投入油温为 120～140℃ 的油锅中进行油炸。油炸的温度会直接影响产品的色、香、味、形。在不断翻锅过程中,加入混合天然香辛料和冰糖,待肉丝炸成红棕色,且相互不粘连起块时,即可起锅。

4.5　熏制

油炸过的肉丝冷却后,送入熏烤炉中烤 70min,出炉冷却。最后在肉丝中倒入麻油搅拌均匀即可。

实验九 干肉制品的制作

肉松、肉脯和肉干是主要的干肉制品。通过本实验的学习,要求了解肉松、肉干和肉脯等干肉制品的制作过程,掌握制作设备的使用方法。

(一)肉松的制作

1 实验目的与要求

肉松是中国著名的特产,具有营养丰富、味美可口、携带方便等特点。肉松是用猪瘦肉除去水分后制成的,一般的肉松都是磨成了粉末状,适合儿童食用。

本实验要求掌握制作肉松的工艺流程、操作要点及质量控制操作要点。通过实验,进一步认识和理解肉松的加工要点。

2 实验材料与仪器设备

2.1 材料与配方

猪瘦肉 100kg,白砂糖 10~15kg,酱油 2kg,食盐 2kg,味精 1kg,猪油 2~3kg。

2.2 仪器设备

刀具、砧板、台秤、不锈钢盆、蒸煮锅、电磁炉、拉丝机、炒松机、擦松机。

3 工艺流程

原料肉的选择→修整→煮制→拉丝→炒松→擦松→冷却包装→成品。

4 操作要点

4.1 原料肉选择

选择经兽医卫生检验合格的猪肉作为原料,以腿肉为最好。

4.2 修整

剔除瘦肉中的筋腱、血管、淋巴后洗净,沿肉的肌纤维方向切成重约 0.25kg、长 6～10cm、宽 5cm 的肉块。

4.3 煮制

将处理好的原料肉块置于蒸煮锅内,加水至肉面,保持水温在 95℃ 左右,加热水煮2h,直至加压时肉纤维能自行分离为止。

4.4 拉丝

用专用拉丝机将肉块拉成松散的丝状,一般拉 2～3 次即可。

4.5 炒松

将拉成丝状的肉松坯置于专用炒松机内,边炒边手动翻动,同时加入白砂糖、酱油、食盐、味精,炒至呈棕黄色或金黄色。整个炒制时间为 1～1.5h。

4.6 擦松

为了使炒好的肉松更加松散和蓬松,可利用滚筒式擦松机擦松,使肌纤维呈绒丝松软状,同时在擦松进行过程中将煮沸的猪油倒入其中。

4.7 冷却包装

加工好的肉松应该立即包装,以防止回潮。一般使用铝箔或者复合透明袋包装。

5 质量评价

5.1 感官指标

色泽呈棕褐色或黄褐色,色泽均匀,有光泽;滋味浓郁鲜美,甜咸适中,具有酥甜特色,油而不腻,香味纯正,无不良气味,无杂质。

5.2 微生物指标

微生物指标应符合表 1-8 的规定。

表 1-8　微生物指标

项目	指标
菌落总数,cfu/g	≤30000
大肠菌群,MPN/100g	≤40
致病菌(肠道致病菌及致病性球菌)	不得检出

6　思考题

（1）拉丝机的工作原理是什么？
（2）如何提高肉松的质量？

（二）猪肉脯的制作

1　实验目的与要求

　　猪肉脯是猪肉经腌制、烘烤的片状肉制品。猪肉脯是一种食用方便、制作考究、美味可口、耐储藏和便于运输的中式传统风味肉制品。猪肉脯色泽呈鲜艳的棕红色，口感丰富，咸中微甜，芳香浓郁，余味无穷。

　　本实验要求掌握制作猪肉脯的工艺流程、操作要点及质量控制操作要点。通过实验，进一步认识和理解猪肉脯的加工要点。

2　实验材料与仪器设备

2.1　材料与配方

　　猪瘦肉 100kg，食盐 2.5kg，白酱油 1kg，小苏打（$NaHCO_3$）0.01kg，白糖 1kg，高粱酒 2~3kg，味精 0.3kg，亚硝酸钠 3g。

2.2　仪器设备

　　刀具、砧板、台秤、冰柜、切片机、不锈钢盆、电磁炉、蒸煮锅、烘烤箱、不锈钢筛网。

3　工艺流程

　　原料肉的选择→修整和预处理→冷冻→切片→腌制→摊筛→烘干→高温烘烤→压平成型→冷却包装→成品。

4　操作要点

4.1　原料肉选择

　　选择经兽医卫生检验合格的猪肉作为原料，以后腿肉为最好。

4.2　修整和预处理

剔除瘦肉中的筋腱、血管、淋巴后洗净，沿肉的肌纤维方向切成重约 1.0kg 的肉块，要求肉块外形规整，边缘整齐，无碎肉和瘀血。

4.3　冷冻

将处理好的原料肉移入 −18℃ 的冰柜中进行速冻，以便于切片。冷冻时间以肉块深层温度达到 −5～−3℃ 为宜。

4.4　切片

用切片机将冻好的原料肉切片，切片厚度以 1～3mm 为宜。

4.5　腌制

将所有辅料混合以后，与切好的肉片拌匀，在 7～10℃ 的冷库中腌制 2h 左右。

4.6　摊筛

在不锈钢筛网上面均匀涂刷植物油，将腌好的肉片平铺在筛网上。

4.7　烘干

将不锈钢筛网放入烘箱中烘干，烘箱温度控制在 55～75℃，若肉片厚度为 2～3mm，则烘干时间为 2～3h。

4.8　高温烘烤

用 200℃ 左右的温度烧烤 1～2min，至表面油润、色泽深红为止。

4.9　压平成型

烧烤结束后用压平机压平，按照要求切成一定的形状。

4.10　冷却包装

冷却后及时包装。一般使用铝箔或者复合透明袋包装。

5　质量评价

5.1　感官指标

成品片形整齐，薄而晶莹，色泽鲜艳，富有光泽；开封鲜香扑鼻，令人食欲大增；入口细嚼，干、香、鲜、甜、咸五味俱全，越嚼越香，回味无穷。

5.2　微生物指标

微生物指标应符合表 1-9 的规定。

表 1-9　微生物指标

项目	指标
菌落总数,cfu/g	≤10000
大肠菌群,MPN/100g	≤30
致病菌(肠道致病菌及致病性球菌)	不得检出

6　思考题

(1)烘干温度对肉脯的质量有何影响?

(2)在摊筛后的烘干中,如何使肉片能联结在一起?

(三)五香牛肉干的制作

1　实验目的与要求

牛肉干是我国最早生产的肉制品,具有高蛋白、低脂肪的优点。其成品色泽金黄,咸甜适中,味道鲜美。

本实验要求掌握制作五香牛肉干的工艺流程、操作要点及质量控制操作要点。通过实验,进一步认识和理解五香牛肉干的加工要点。

2　实验材料与仪器设备

2.1　材料与配方

牛后腿肉 100kg,白砂糖 20kg,麦芽糖 3kg,食盐 1.5kg,辣椒粉 0.5kg,五香粉 0.3kg,黄色食用色素少许。

2.2　仪器设备

刀具、砧板、台秤、不锈钢盆、蒸煮锅、电磁炉、烘烤箱、不锈钢筛网。

3　工艺流程

原料肉的选择→修整→煮制→切片→复煮→摊筛→烘干→高温烘烤→冷却包装→成品。

4　操作要点

4.1　原料肉选择

选择经兽医卫生检验合格的牛后腿肉作为原料。

4.2　修整和预处理

剔除牛后腿肉中的筋腱、血管、淋巴后洗净,沿肉的肌纤维方向切成重约 1.0kg 的肉块。

4.3　煮制

将处理好的原料肉投入锅里,加水至没过肉表面,焖煮至肉块中心温度达到 80℃ 后取出,冷却。煮肉的汤汁要保留下来备用。

4.4　切片

将煮好的牛后腿肉顺肌纤维方向切成厚约 0.3cm 的片状,加入所有调味料拌匀,冷藏腌渍 1h 入味。

4.5　复煮

取出上述步骤 4.3 中煮肉汤汁的 20%,倒入锅中烧开,把切好的肉片也倒入锅中,以小火不时翻炒至肉片入味,待汤汁略微收干,取出。

4.6　摊筛

在不锈钢筛网上面均匀涂刷植物油,将上述步骤 4.5 中的肉片平铺在筛网上。

4.7　烘干

将不锈钢筛网放入烘箱中烘干,烘箱温度控制在 55～75℃,烘干时间为 2h。

4.8　高温烘烤

用 200℃ 左右的温度烧烤 10min。

4.9　冷却包装

冷却后及时包装。一般使用铝箔或者复合透明袋包装。

5　质量评价

5.1　感官指标

五香牛肉干呈褐色,大小均匀,软硬适度,具有浓郁香气。

5.2　微生物指标

微生物指标应符合表 1-10 的规定。

表 1-10　微生物指标

项目	指标
菌落总数,cfu/g	≤10000
大肠菌群,MPN/100g	≤30
致病菌(肠道致病菌及致病性球菌)	不得检出

6　思考题

(1)烘干温度对五香牛肉干的质量有何影响?

(2)如何控制复煮工序才能保证五香牛肉干良好的品质?

参考文献

[1]GB/T9695.15—2008,肉与肉制品水分含量测定[S].

[2]GB/T5009.5—2010,食品中蛋白质的测定[S].

[3]GB/T9695.11—2008,肉与肉制品氮含量测定[S].

[4]GB/T9695.7—2008,肉与肉制品总脂肪含量测定[S].

[5]GB/T4789.2—2010,食品微生物学检验菌落总数测定[S].

[6]曹程明.肉蛋及制品质量检验[M].北京:中国计量出版社,2006.

[7]陈明造.肉品加工理论与应用[M].2版.台湾:艺轩图书出版社,2004.

[8]孔保华,罗欣.肉制品工艺学[M].哈尔滨:黑龙江科学技术出版社,1996.

[9]孔保华,于海龙.畜产品加工[M].北京:中国农业科学技术出版社,2008.

[10]沙玉圣,辛盛鹏.畜产品质量安全与生产技术[M].北京:中国农业大学出版社,2008.

[11]周光宏.畜产品加工学[M].北京:中国农业出版社,2002.

[12]周光宏.肉品加工学[M].北京:中国农业出版社,2009.

[13]Elton B A, John C F, David E G, et al. Principles of meat science [M]. 4th Edition. Dubuque, USA:Kendall Hunt Publishing Company, 1994.

[14]Greer G C and Jones S D M. Quality and bacteriological consequences of beef carcass spray-chilling:Effects of spray duration and boxed beef storage temperature[J]. Meat Science,1997, 45: 61-73.

[15]Hwang I H,Devine C E and Hopkins D L. The biochemical and physical effects of electrical stimulation on beef and sheep meat tenderness[J]. Meat Science, 2003, 65(2): 677-691.

[16]Hostetler R L, Link B A, Landmann W A, et al. Effect of carcass suspension on sarcomere length and shear force of some major bovine muscles[J]. Journal of Food Science, 1972, 37(1): 132-135.

[17]Lawrie R A. Lawrie's meat science [M]. 7th Edition. Abington, England:Woodhead Publishing Limited, 2006.

[18]Mancini R A and Hunt M C . Current research in meat color[J]. Meat Science, 2005, 71(1): 100-121.

[19]Thompson J. Managing meat tenderness[J]. Meat Science, 2002, 62(3): 295-308.

[20]Warriss P D. Meat Scienc[M]. Oxon:CABI Publishing, 2001.

[21]Zakrys P I, O'Sullivan M G, Walsh H, et al. Sensory comparison of commercial low and high oxygen modified atmosphere packed sirloin beef steaks[J]. Meat Science, 2011, 88(1): 198-202.

第二部分　乳制品实验

实验一　原料乳的品质检验

1　实验目的

通过本实验,要求掌握原料乳检验的主要内容及其检验方法。掌握酒精阳性乳和酸度的检测原理和方法,了解测定酒精稳定性和酸度的生产意义。

2　实验材料与仪器设备

2.1　实验材料

牛乳、酒精、0.1mol/L(近似值)NaOH 溶液、0.1mol/L 草酸溶液、硫酸、异戊醇、0.5%酚酞酒精溶液、精制海砂、刃天青。

2.2　仪器设备

乳稠计、白瓷皿、小烧杯、温度计、量筒、水浴锅、试管、0.5mL 吸管、10mL 吸管、150mL 三角瓶,25mL 酸式滴定管、25mL 碱式滴定管、滴定架、巴布科克低乳脂瓶、盖勃氏乳脂计、乳脂离心机、盖勃氏离心机、标准移乳管(17.6mL、11mL)、干燥箱、干燥器、分析天平或电子天平、铝皿或玻璃皿、10mL 试管及配套胶塞、10mL 和 1mL 移液管、250mL 三角瓶、秒表、水浴锅。

3　实验内容与操作步骤

3.1　感官鉴定

3.1.1　检验方法及内容

色泽检定:将少量乳倒于白瓷皿中,在自然光线下观察其颜色。

气味检定:将乳加热后,闻其气味。

滋味检定:取少量乳用口尝之。

组织状态检定:将乳倒于小烧杯内,静置1h左右后小心将其倒入另一小烧杯内,仔细观察第一个小烧杯内底部有无沉淀和絮状物。再取一滴乳于大拇指上,检查是否黏滑。

3.1.2 检验标准

正常乳应为乳白色或略带黄色,具有牛乳固有香味,稍有甜味,无异味,组织状态均匀一致,无凝块和沉淀,不黏滑,无肉眼可见异物。

3.2 相对密度测定

3.2.1 实验原理

在正常情况下,各种食品均有一定的相对密度范围。牛乳的相对密度是指牛乳在20℃时的质量与同体积4℃水的质量比。当牛乳中出现掺假、脱脂及浓度变化时,会导致相对密度的改变。因此,在乳品工业上主要用于掺假检验。

3.2.2 操作方法

(1)将乳样在40℃水浴锅中加热5min,这样可使脂肪呈液态。仔细混匀乳样,避免起泡和脂肪分离现象。

(2)冷至室温(20℃)。

(3)沿筒壁小心将乳样注入250mL量筒中至容积的3/4处,如有泡沫形成,可用滤纸条吸去。

(4)小心将乳稠计插入乳样中,使之沉入到相当于乳稠计计算尺30刻度处,让其自由浮动,但要使其不与量筒内壁接触。

(5)待乳稠计静止1~2min后,眼睛对准筒内乳样表面层与乳稠计计算尺接触处,即在新月形表面的顶点处读取刻度数。该读数即为该牛乳的相对密度数。

(6)量取牛乳温度进行温度校正,温度应在17~24℃,越接近20℃越好,并用校正因子进行校正(表2-1)。

表 2-1 温度校正因子

温度/℃	16	17	18	19	20	22	23	24
校正因子	-0.7	-0.5	-0.3	0	$+0.3$	$+0.5$	$+0.8$	$+1.1$

例如,乳稠计读数为30.5,温度为23℃,则 $L=30.5+0.8=31.3$。

3.3 酒精试验

3.3.1 实验原理

鲜乳中的酪蛋白等电点为pH4.6,鲜乳的pH值为6.8,鲜乳的pH值大于酪蛋白等电点,故酪蛋白胶粒带负电荷;另外,酪蛋白胶粒具有强亲水性,由于水化作用胶粒周围形成一水化层,故酪蛋白以稳定的胶体状态存在于乳中。

酒精有脱水作用,当加入酒精后,酪蛋白胶料周围水化层被脱掉,胶粒变成只带负电荷的不稳定状态。当乳的酸度增高或因某种原因盐类平衡发生变化时,H^+ 或 Ca^{2+} 与负电荷作用,胶粒变为电中性而发生沉淀。

经试验证明,乳的酸度与引起酪蛋白沉淀的酒精浓度存在着一定的关系,故可利用不同浓度的酒精测定被检乳样,以是否结絮来判定乳的酸度。

3.3.2 操作方法

取 2~3mL 乳样注入试管内,加入等量的中性酒精,迅速充分混匀后观察结果。

3.3.3 判定标准

在 68％酒精中不出现絮片者,酸度低于 20°T;在 70％酒精中不出现絮片者,酸度低于 19°T;在 72％酒精中不出现絮片者,酸度低于 18°T。

3.4 滴定酸度测定

3.4.1 实验原理

乳在储存过程中,由于微生物的活动,分解乳糖产生乳酸,而使乳的酸度升高。测定乳的酸度,可判定乳是否新鲜。乳的滴定酸度常用洁尔涅尔度(°T)和乳酸度(％)表示。洁尔涅尔度(°T)是以中和 100mL 乳中的酸所消耗 0.1mol/L NaOH 溶液的体积(mL)来表示。消耗 0.1mol/L NaOH 溶液 1mL 为 1°T。乳酸度(％)是指乳中酸的百分含量。

3.4.2 操作方法

取乳样 10mL 于 150mL 三角瓶中,再加入 20mL 蒸馏水和 0.5mL 0.5％酚酞溶液,摇匀,用 0.1mol/L(近似值)氢氧化钠溶液滴定至微红色,并在 1min 内不消失为止。记录 0.1mol/L(近似值)NaOH 溶液所消耗的体积数(A)。按下式计算滴定酸度:

$$洁尔涅尔度(°T) = A \times F \times 10$$

式中:A——滴定时消耗的 0.1mol/L(近似值)NaOH 体积,mL;

F——0.1mol/L(近似值)NaOH 溶液的校正系数;

10——乳样的倍数。

$$乳酸度(％) = \frac{B \times F \times 0.009}{供试牛乳重量} \times 100$$

式中:B——中和乳样中的酸所消耗的 0.1mol/L(近似值)NaOH 的体积,mL;

F——0.1mol/L(近似值)NaOH 溶液的校正系数;

0.009——1mL 0.1mol/L NaOH 溶液能结合 0.009g 乳酸。

3.5 原料乳的热稳定性试验

3.5.1 实验原理

原料乳的新鲜度越低,酸度越高,乳的稳定性越差,加热时越容易发生聚集沉淀。因此,可根据原料乳中蛋白质在不同温度下聚集凝固的特征判断原料乳的新鲜度。此方法主要用于酸度较高的原料乳在加工前的补充实验,以确定乳是否可用于生产,避免原料乳在杀菌等加热处理时发生凝固。

3.5.2 操作方法

取 5mL 牛乳于试管中,在酒精灯上加热煮沸 1min,或者沸水浴中保持 5min,冷却后观察。如产生絮状沉淀,表明原料乳不新鲜,不能用于加热处理。

3.6 抗生素残留检验(TTC 法)

在防治乳牛疾病时,经常使用抗生素,特别是在治疗牛乳房炎时有时将抗生素直接注射到乳房内。因此,经抗生素治疗过的乳牛,其乳中在一段时期内会残存抗生素,它会影响发酵乳品的生产,对某些人引起过敏反应,也会使某些菌株产生抗药性等,所以对鲜乳进行抗生素残留检验十分必要。

3.6.1 实验原理

抗生素残留检验是通过 TTC 试验来判定的。往检样中先后加入菌液和 4%TTC 指示剂(2,3,5-氯化三苯四氮唑),如检样中存在抗生素,则会抑制细菌的繁殖,TTC 指示剂不被还原、不显色;反之,则细菌大量繁殖,TTC 指示剂被还原而显红色,从而可以判定有无抗生素残留。

3.6.2 操作步骤

将嗜热乳酸链球菌接种入灭菌脱脂乳,置 36±1℃ 水浴锅中保温 15h,然后再用灭菌脱脂乳以 1:1 比例稀释备用。

取乳样 9mL 放入试管中,置 80℃ 水浴中保温 5min,冷却至 37℃ 以下,加入菌液 1mL,置 36±1℃ 水浴锅中保温 2h,加入 4%TTC 指示剂水溶液 0.3mL,置 36±1℃ 水浴中保温 30min,观察牛乳颜色的变化。

3.6.3 结果的判定

加入 TTC 指示剂并于水浴中保温 30min 后,如检样呈红色反应,说明无抗生素残留,即报告结果为阴性;如检样不显色,再继续保温 30min 作第二次观察,如仍不显色,则说明有抗生素残留,即报告结果为阳性。显色状态判断标准见表 2-2。

表 2-2 显色状态判断标准

显色状态	判断
未显色者	阳性
微红色者	可疑
桃红色→红色	阴性

3.7 刃天青实验

3.7.1 实验原理

刃天青为氧化还原反应指示剂,加入正常乳中时呈现青蓝色。如果乳中的细菌达到一定数量,则能使刃天青还原,发生颜色反应,颜色变化的顺序如下:青蓝色→紫色→红色→白色。因此,可根据原料乳颜色的变化来推算细菌总数,进而判断质量。

3.7.2 试剂配制

(1)刃天青基础液:取 100mL 分析纯刃天青于烧杯中,用少量煮沸过的蒸馏水溶解后定容于 200mL 容量瓶中,冷藏备用。溶液中刃天青的浓度为 0.05%。

（2）刃天青工作液：1 份刃天青基础液加上 10 份经煮沸后的蒸馏水混合均匀，储存于深色玻璃瓶中备用。

3.7.3　操作方法

吸取 10mL 乳样于刻度管中，加上刃天青工作液 1mL，混匀，盖上橡皮塞。将试管置于 37℃ 水浴锅中加热，当管内液态温度达到 37℃ 时开始计时（以牛乳对照管测试）。20min 时第一次观察管内液体的颜色变化并记录；60min 时进行二次观察并记录。根据表 2-3 判断原料乳的细菌总数。

表 2-3　原料乳的等级标准

级别	质量	乳的颜色		细菌总数
		20min	60min	（个/mL，60min）
1	良好	—	青蓝色	<100 万
2	合格	青蓝色	蓝紫色	100 万～200 万
3	差	蓝紫色	粉红色	>200 万
4	很差	白色	—	—

二维码 2-1
乳品新鲜度检验
（PPT）

实验二　乳成分的测定

1　实验目的

通过本实验,要求掌握牛乳中蛋白、脂肪和乳糖的测定原理及方法。

2　实验原理

牛乳中含有87%左右的水及13%左右的固形物,后者的组成包括乳蛋白、乳脂肪、乳糖及其他成分,如矿物质和维生素。牛乳中乳蛋白和脂肪的含量是衡量乳品质的重要方面。因此,检测原料乳及乳制品的组成具有重要的生产意义。

3　实验方法

3.1　蛋白质含量测定(凯氏定氮法,见第一部分实验二)

3.2　乳脂肪含量测定

3.2.1　巴布科克法

(1)实验原理:将牛乳和硫酸按一定比例混合之后,使蛋白质溶解,并使脂肪球不能维持其分散的乳胶状态。由于硫酸作用产生热量,促使脂肪上升到液体表面,经过离心之后,使脂肪集中在乳脂瓶瓶颈处,直接读取脂肪层高度即为脂肪的百分数。

(2)仪器与试剂:牛乳、浓硫酸(分析纯)、巴氏离心机、巴布科克乳脂瓶、恒温水浴锅、17.6mL牛乳吸管。

(3)实验操作:吸取20℃的牛乳17.6mL,注入巴布科克乳脂瓶中,将等量硫酸小心倒入乳脂瓶中,硫酸流入牛乳后会在牛乳下面形成一层硫酸层,摇动乳瓶使牛乳和硫酸混合,即成棕黑色,继续摇动2~3min,将乳脂瓶放入离心机中,以1000r/min的速度离心5min,取出后向瓶中加60℃热水至分离的脂肪层在瓶颈部刻度处,再用同样的转速旋转2min,取出后置于60℃水浴保温5min,取出后立即读数。读数时要将乳脂肪柱下弯月面放在与眼睛同一水平面上,以弯月面的下限为准。所得数值即为脂肪的百分数。

3.2.2　盖勃法

(1)实验原理:在牛乳中加硫酸,可破坏牛乳的胶质性,使牛乳中的酪蛋白钙盐变成可溶性的重硫酸酪蛋白化合物,并且能减小脂肪球的吸附力,同时还可增加消化液的相对密度使脂肪更容易浮出液面。在操作中还需要加入异戊醇,降低脂肪球的表面张力,促进脂肪球的离析。在操作过程中加热 65～70℃ 和离心处理,都使脂肪球迅速而彻底分离。

(2)仪器与试剂:乳脂计、盖勃离心机、11mL 牛乳吸管、恒温水浴锅、硫酸、异戊醇。

(3)操作方法:量取硫酸 10mL,注入牛乳乳脂计内,颈口勿沾湿硫酸,用 11mL 吸管吸牛乳样品至刻度,加入同一牛乳乳脂计内,再加异戊醇 1mL,塞紧橡皮塞,充分摇动,使牛乳凝块溶解。将乳脂计放入 65～70℃ 的水浴锅中保温 5min,转入或转出橡皮塞使脂肪柱适合乳脂计刻度部分,然后置离心机中以 1000r/min 的速度离心 5min,再放入 65～70℃ 的水浴中保温 5min,取出后立即读数。读数时要将乳脂肪柱下弯月面放在与眼同一水平面上,以弯月面下限为准。所得数值即为脂肪的百分数。

3.2.3　罗兹-哥特里(Rose-Gottlieb)法

(1)实验原理:利用氨-乙醇溶液破坏乳的胶体性状及脂肪球膜使非脂成分溶解于氨-乙醇溶液中,而脂肪游离出来,再用乙醚-石油醚提取出脂肪,蒸馏去除溶剂后,残留物即为乳脂肪。此法也称为碱性乙醚提取法。

(2)仪器与试剂:恒温水浴锅、抽脂瓶、烘箱、氨水、乙醇、乙醚、石油醚。

(3)操作步骤:吸取 10.0mL 试样于抽脂瓶中,加入 1.25mL 氨水,充分混匀后,置于 60℃ 水浴锅中加热 5min,再振摇 2min,加入 10mL 乙醇,充分摇匀,于冷水中冷却后,加入 25mL 乙醚振摇 0.5min,再加入 25mL 石油醚,振荡 0.5min。静止 30min,待上层液澄清时,读取醚层体积。用移液管将有机层吸入已恒重的接收瓶中。再加乙醚、石油醚(2～3 次)重复提取(每次用 15mL),将有机层合并于同一接收瓶中。将接收瓶置于 98～100℃ 的烘箱内干燥 1h 后称量,再置于 98～100℃ 的烘箱内干燥 0.5h 后称量,直至前后两次质量相差不超过 1.0mg。

试样中脂肪含量用以下公式计算:

$$X = \frac{M_1 - M_0}{M_2 \times \dfrac{V_1}{V_0}} \times 100$$

式中:X——试样中脂肪的含量,g/100g;

　　　M_1——接收瓶加脂肪质量,g;

　　　M_0——接收瓶质量,g;

　　　M_2——试样质量(吸取体积乘以牛乳的相对密度),g;

　　　V_0——读取乙醚层总体积,mL;

　　　V_1——放出乙醚层体积,mL。

计算结果保留两位有效数字。

3.3　乳糖含量测定(莱因-埃农氏法)

3.3.1　实验原理

乳糖分子中的醛基具有还原性,乳糖与费林氏液反应后被氧化,且将其中的二价铜还原成氧化亚铜。因此,试样经除去蛋白质后,在加热条件下,以次甲基蓝为指示剂,直接滴定已标定过的费林氏液,根据样液消耗的体积,计算乳糖含量。

3.3.2 仪器与试剂

实验用到的试剂如下：

(1)200g/L 乙酸铅溶液:称取 200g 乙酸铅,溶于水并稀释至 1000mL。

(2)草酸钾-磷酸氢二钠溶液:称取草酸钾 30g,磷酸氢二钠 70g,溶于水并稀释至 1000mL。

(3)盐酸(1+1):1 体积盐酸与 1 体积的水混合。

(4)300g/L 氢氧化钠溶液:称取 300g 氢氧化钠,溶于水并稀释至 1000mL。

(5)费林氏液甲液:称取 34.639g 硫酸铜,溶于水中,加入 0.5mL 浓硫酸,加水至 500mL。

(6)费林氏液乙液:称取 173g 酒石酸钾钠及 50g 氢氧化钠溶解于水中,稀释至 500mL,静置两天后过滤。

(7)5g/L 酚酞溶液:称取 0.5g 酚酞,溶于 100mL 体积分数为 95% 的乙醇中。

(8)10g/L 次甲基蓝溶液:称取 1g 次甲基蓝溶解于 100mL 水中。

实验用到的仪器:天平、水浴锅、250mL 容量瓶、滴定管。

3.3.3 实验操作

(1)费林氏液的乳糖标定

称取预先在 94±2℃ 烘箱中干燥 2h 的乳糖标样约 0.75g(精确到 0.1mg),用水溶解并定容至 250mL。将此乳糖溶液注入一个 50mL 滴定管中,待滴定。

预滴定:吸取 10mL 费林氏液(甲、乙液各 5mL)于 250mL 三角烧瓶中,加入 20mL 蒸馏水,放入几粒玻璃珠,从滴定管中放出 15mL 样液于三角烧瓶中,置于电炉上加热,使其在 2min 内沸腾,保持沸腾状态 15s,加入 3 滴次甲基蓝溶液,继续滴入至溶液蓝色完全褪尽为止,读取所用样液的体积。

精确滴定:另取 10mL 费林氏液(甲、乙液各 5mL)于 250mL 三角烧瓶中,加入 20mL 蒸馏水,放入几粒玻璃珠,加入比预滴定量少 0.5~1.0mL 的样液,置于电炉上,使其在 2min 内沸腾,维持沸腾状态 2min,加入 3 滴次甲基蓝溶液,以每两秒一滴的速度徐徐滴入,溶液蓝色完全褪尽即为终点,记录消耗的体积。

按下列公式计算费林氏液的乳糖校正值(f_1):

$$A_1 = \frac{V_1 \times m_1 \times 1000}{250} = 4 \times V_1 \times m_1$$

$$f_1 = \frac{4 \times V_1 \times m_1}{AL_1}$$

式中:A_1——实测乳糖质量,mg;

$\quad V_1$——滴定时消耗乳糖溶液的体积,mL;

$\quad m_1$——称取乳糖的质量,g;

$\quad f_1$——费林氏液的乳糖校正值;

$\quad AL_1$——由乳糖液滴定体积(mL)查表 2-4 所得的乳糖质量,mg。

表 2-4　乳糖及转化糖因数表(10mL 费林氏液)

乳糖液滴定量(mL)	乳糖质量(mg)	转化糖(mg)	乳糖液滴定量(mL)	乳糖质量(mg)	转化糖(mg)
15	68.3	50.5	33	67.8	51.7
16	68.2	50.6	34	67.9	51.7
17	68.2	50.7	35	67.9	51.8
18	68.1	50.8	36	67.9	51.8
19	68.1	50.8	37	67.9	51.9
20	68.0	50.9	38	67.9	51.9
21	68.0	51.0	39	67.9	52.0
22	68.0	51.0	40	67.9	52.0
23	67.9	51.1	41	68.0	52.1
24	67.9	51.2	42	68.0	52.1
25	67.9	51.2	43	68.0	52.2
26	67.9	51.3	44	68.0	52.2
27	67.8	51.4	45	68.1	52.3
28	67.8	51.4	46	68.1	52.3
29	67.8	51.5	47	68.2	52.4
30	67.8	51.5	48	68.2	52.4
31	67.8	51.6	49	68.2	52.5
32	67.8	51.6	50	68.3	52.5

(2)乳糖的测定

试样处理:精确称取样品 2～3g,用 100mL 水分数次溶解并洗入 250mL 容量瓶中。徐徐加入 4mL 乙酸铅溶液、4mL 草酸钾-磷酸氢二钠溶液,并振荡容量瓶,用水稀释至刻度。静置数分钟,用干燥滤纸过滤,弃去最初 25mL 滤液后,所得滤液供滴定用。

预滴定:吸取 10mL 费林氏液(甲、乙液各 5mL)于 250mL 三角烧瓶中,加入 20mL 蒸馏水,放入几粒玻璃珠,从滴定管中放出 15mL 样液于三角烧瓶中,置于电炉上加热,使其在 2min 内沸腾,保持沸腾状态 15s,加入 3 滴次甲基蓝溶液,继续滴入至溶液蓝色完全褪尽为止,读取所用样液的体积。

精确滴定:另取 10mL 费林氏液(甲、乙液各 5mL)于 250mL 三角烧瓶中,加入 20mL 蒸馏水,放入几粒玻璃珠,加入比预滴定量少 0.5～1.0mL 的样液,置于电炉上,使其在 2min 内沸腾,维持沸腾状态 2min,加入 3 滴次甲基蓝溶液,以每两秒一滴的速度徐徐滴入,溶液蓝色完全褪尽即为终点,记录消耗的体积。

试样中乳糖的含量(X)按下式计算:

$$X = \frac{F_1 \times f_1 \times 0.25 \times 100}{V_1 \times m}$$

式中:X——试样中乳糖的质量分数,g/100g;

　　　F_1——由消耗样液的体积(mL)查表 2-4 所得乳糖质量,mg;

　　　f_1——费林氏液乳糖校正值;

　　　V_1——滴定消耗滤液体积,mL;

　　　m——试样的质量,g。

以重复性条件下获得的两次独立测定结果的算术平均值表示,结果保留三位有效数字。

实验三　巴氏杀菌乳的制作

1　实验目的

通过本实验,要求掌握巴氏杀菌乳制作的原理及工艺流程,掌握杀菌效果评价方法。

2　实验原理

原料乳中含有各种微生物,包括许多致病微生物,因此必须进行杀菌处理。根据温度和时间杀菌,处理方法可分为巴氏杀菌和超高温灭菌。杀菌的效果对牛乳的保存等具有重要意义。巴氏杀菌效果评价主要采用碱性磷酸酶试验进行,原理是原料乳中的碱性磷酸酶能将有机磷酸化合物分解成磷酸及其结合单体。彻底的巴氏杀菌可使乳中的碱性磷酸酶失活。利用苯基磷酸双钠在碱性缓冲液中被酶分解产生苯酚,苯酚与2,6-双溴醌氯酰胺反应呈蓝色,颜色深浅与苯酚含量成正比,与杀菌效果呈反比。

3　实验试剂与仪器设备

3.1　试剂

原料乳、纱布、正丁醇、吉勃氏酚试剂(称取0.04g 2,6-双溴醌氯酰胺,溶于10mL乙醇,置于冰箱中备用)、硼酸盐缓冲液(称取28.472g硼酸钠,溶于900mL水中,加3.27g氢氧化钠,定容至1L)、缓冲基质溶液(称取0.05g苯基磷酸双钠晶体,溶于10mL磷酸盐缓冲液中,定容至100mL)。

3.2　仪器设备

均质机、水浴锅、平衡槽、电炉、乳脂分离机。

4　实验操作步骤

4.1　工艺流程

　　　　　　过滤
　　　　　　↓
鲜奶→净化→预热→均质→杀菌→冷却→封盖→冷储。
验收　分离　60℃　　　　　LTLT

4.2 操作要点

4.2.1 鲜奶验收

70°酒精实验,看其酸度多少,以确定能否作为加工原料,酸度应在18°T以下(72°酒精),检测相对密度,品尝滋味,闻气味,观察组织状态等。

4.2.2 过滤净化

检验合格的乳称重计量后再进行过滤净化,过滤用多层纱布,再于分离机上进行净化,净化前将乳加热至35～40℃,净化后采用乳脂分离机进行标准化(全脂乳脂肪含量为3.1%)。

4.2.3 预热均质

预热至60℃左右为宜,均质压力在15～20MPa。

4.2.4 巴氏杀菌

这是关键工序,一般采用加热的方法来杀菌,可用LTLT法、HTST法和UHT法。本实验中牛乳放入锅中,在63℃水浴锅中保持30min(以牛奶中心温度达到63℃开始计时)。

4.2.5 冷却

将消毒乳迅速冷却至4～6℃。如果是瓶装灭菌乳,则冷却至10℃左右即可。

4.2.6 灌装

巴氏消毒乳在杀菌冷却后可用玻璃瓶灌装,立即封盖后在4～5℃的条件下冷储,使其具有暂时防腐性。保质期为2～3d。

4.3 巴氏杀菌乳效果评价

吸取0.5mL杀菌乳样品,置于具塞试管中,加入5mL缓冲基质溶液,振荡摇匀后置于36～44℃水浴锅中保持10min,然后再加入6滴吉勃氏酚试剂,立即摇匀,静置5min,有蓝色出现表示巴氏杀菌处理不彻底。为增加灵敏度,可加2mL中性丁醇,反复倒转试管,使气泡破裂,分解丁醇,观察结果,并做空白对照试验。

4.4 巴氏杀菌乳评价

4.4.1 感官品价

倒取50mL杀菌乳于烧杯中,在自然光下观察牛乳的色泽和组织状态。闻气味,纯净水漱口后品尝滋味。良好的巴氏杀菌乳应呈均匀一致的乳白色或微黄色;具有牛乳特有的滋味及风味,产品无异味;呈均匀一致的液态,无凝固或沉淀,无肉眼可见异物。

4.4.2 理化指标

产品的蛋白质含量＞2.9%(参照GB 5413.3—2010检测),脂肪含量＞3.1%(参照GB 5009.5—2010检测),非脂乳固体＞8.1%(参照GB 5413.39—2010检测),酸度在12～18°T(参照GB 5413.34—2010检测),微生物指标符合GB 19645—2010的规定。

实验四　酸乳的制作

1　实验目的

通过本实验,掌握凝固型和搅拌型酸乳的基本原理及制作方法,了解影响酸乳发酵的因素,初步掌握酸乳发酵剂制备和酸乳加工工艺。

2　实验原理

酸乳是以牛(羊)乳或乳粉为原料,经均质、杀菌及发酵等处理制成的乳制品。酸乳由嗜热链球菌和保加利亚乳杆菌共同发酵产生。两种乳酸菌具有良好的相互促进生长关系,乳杆菌经过代谢可分解乳蛋白产生肽类和氨基酸类物质,这些物质可刺激链球菌的生长,嗜热链球菌的生长会产生甲酸类化合物,也促进了乳杆菌的生长。两种菌共同发酵产生乳酸,当乳 pH 值达到酪蛋白的等电点时,酪蛋白胶束就会凝聚形成特有的网络结构。

3　实验材料与仪器设备

鲜奶、蔗糖、菌种(保加利亚乳杆菌、嗜热链球菌)或直投式发酵剂、酸奶杯、电磁炉、培养箱、冰箱。

4　实验内容与操作步骤

4.1　发酵剂制备(可选)

4.1.1　乳酸菌纯培养物的制备

乳酸菌纯培养物一般为粉末状干燥菌,密封于小玻璃瓶内。具体方法为:取新鲜不含抗生素和防腐剂的奶,经过滤、脱脂,分装于 20mL 试管中,经 120℃、15~20min 灭菌处理后,在无菌条件下接种,放在菌种适宜温度下培养 12~14h,取出再接种于新的试管中培养,如此继续 3~4 代之后,即可使用。

4.1.2　母发酵剂的制备

取 200~300mL 脱脂乳装于 300~500mL 三角烧瓶中,在 120℃、15~20min 条件下灭菌,然后取相当于脱脂乳量 3% 的已活化的乳酸菌纯培养物在三角烧瓶内接种培养 12~14h,待凝块状态均匀稠密,在微量乳清或无乳清分离时即可用于制造生产发酵剂。

4.1.3　生产(工作)发酵剂的制备

基本方法与母发酵剂制备相同,只是生产(工作)发酵剂量较大,一般采用 500～1000mL 三角烧瓶或不锈钢制的发酵罐进行培养,并且培养基宜采用 90℃,30～60min 的杀菌处理。通常制备好的生产(工作)发酵剂应尽快使用,也可保存于 0～5℃ 的冰箱中待用。

4.2　凝固型酸乳加工

4.2.1　凝固型酸乳的工艺流程

原料→净乳→标准化→配料→均质→杀菌→冷却→加发酵剂→灌装→封口→发酵→冷藏→检验→成品。

4.2.2　操作要点

(1)原料奶验收与处理:生产酸乳所需要的原料奶要求酸度在 18°T 以下,脂肪大于 3.0%,非脂干物质大于 8.5%,并且乳中不得含有抗生素和防腐剂,并经过滤。原料乳需经过均质(20MPa)处理,可用市售纯牛乳代替。

(2)配料:通常酸乳制作过程中均要添加部分糖,蔗糖添加量一般为 6%～8%,最多不能超过 10%。具体办法是在少量的原料乳中加入糖,加热溶解,过滤后倒入原料乳中混匀即可。如果原料乳不够稳定,可适当添加稳定剂。

(3)杀菌冷却:将加糖后的牛乳盛在锅中,然后置于 90～95℃ 的水浴锅中。当牛乳上升到 90℃ 时,开始计时,保持 30min 之后立即冷却到 40～45℃。工业上通常采用管道杀菌,90～95℃ 下保持 5min。在这种条件下 70%～80% 的乳清蛋白变性,其中乳清蛋白中的 β-乳球蛋白会与 κ-酪蛋白相互作用,使酸乳形成一个稳定的胶体结构。

(4)添加发酵剂:将制备好的生产发酵剂(保加利亚乳杆菌:嗜热链球菌＝1:1)搅拌均匀,用纱布过滤徐徐加入杀菌冷却后的牛乳中(或直接加入直投式发酵剂),搅拌均匀。发酵剂的使用量通常根据菌种的活力而定,一般生产发酵剂的产酸活力在 0.7%～1%,添加量为原料乳的 2%～4%。在添加发酵剂时要严格注意操作卫生,防止霉菌、酵母和噬菌体等有害微生物的混入及污染。

(5)装瓶:接种后的牛乳应在充分搅拌后尽快灌装入容器中。将酸奶瓶用水浴煮沸消毒 20min(如塑料杯采用紫外线杀菌),然后将添加发酵剂的牛乳分装于酸奶瓶中,装乳量不能超过容器的 4/5。装好后用蜡纸封口,再用橡皮筋扎紧即可进行发酵。其他容器如塑料瓶和纸杯需进行紫外杀菌。

(6)发酵:将装瓶后的牛乳置于恒温箱中,在 40～45℃ 条件下保持 4h 左右至牛乳基本凝固为止,滴定酸度在 80～90°T,酸乳的 pH 值在 4.6 以下,表面均有少量的水痕。

(7)冷藏:发酵完全后,置于 0～5℃ 冷库或冰箱中冷藏过夜,冷藏可进一步产香且有利于乳清吸收,还可改善酸乳的硬度。在冷藏过程中,香味物质大量产生,形成酸乳特有的香味,这一过程通常冷藏后 12～24h 完成,为酸乳的后熟期。因此,酸乳需要在冷藏 24h 后食用或出售,通常保质期为 1 周左右。

（8）感官评价：第二天对制成酸乳的色泽、风味和组织状态等进行感官评价。

4.3 搅拌型酸乳加工

4.3.1 搅拌型酸乳的工艺流程

原料→净乳→标准化→配料→均质→杀菌→冷却→加发酵剂→灌装→封口→发酵→冷却→凝乳破碎→果料混合→冷却后熟→检验→成品。

4.3.2 操作要点

（1）发酵：搅拌型酸乳通常需要在专用的发酵罐中进行，发酵罐内具有保温、温度及pH 控制等功能，当酸度达到要求后能发出指令。通常搅拌型酸乳的培养时间为 2.5～4h，温度在 42～44℃。

（2）配料混合：果料及香料与酸乳混合通常有 2 种方法，一种是间隙生产法，在罐中将配料和酸乳混合均匀；另一种是在线混合法，通过泵将杀菌后的果料泵入在线混合器。通常可加入增稠剂，其中果胶的添加量＜0.15％，成品中果胶的含量为 0.005％～0.05％。

（3）搅拌破乳：发酵好的酸乳需要冷却后搅拌破乳。冷却的温度高低根据需要而定，通常先冷却到 15～20℃，然后混入香味剂或果料后灌装，再冷却到 10℃ 以下。冷却温度会影响灌装期间酸度的变化。

其他操作同上述凝乳型酸乳的操作。

二维码 2-2
酸乳的制作
（PPT）

实验五　乳酸菌饮料的制作

1　实验目的

通过本实验,加深对乳酸菌饮料加工原理的认识,初步掌握乳酸菌饮料的配制方法及加工工艺。熟悉工艺流程的操作要点及技术要求。

2　实验原理

乳酸菌饮料根据采用的原料及制作工艺的不同,一般可分为酸乳型和果蔬型。根据产品中是否存在活菌可分为活菌型和杀菌型两大类。

在乳酸菌饮料中最常使用的稳定剂是纯果胶或与其他稳定剂的复合物。通常果胶对酪蛋白颗粒具有最佳的稳定性,这是因为果胶是一种聚半乳糖醛酸,在 pH 值为中性和酸性时带负电荷,将果胶加入到酸乳中时,它会附着于酪蛋白颗粒的表面,使酪蛋白颗粒带负电荷。由于同性电荷互相排斥,可避免酪蛋白颗粒间相互聚合成大颗粒而产生沉淀,考虑到果胶分子在使用过程中的降解趋势以及它在 pH 值为 4 时稳定性最佳的特点,杀菌前一般将乳酸菌饮料的 pH 值调整为 3.8～4.2。

3　实验材料与仪器设备

牛奶、果汁、乳酸、稳定剂、香精、白糖、柠檬酸、塑料杯、均质机、电炉、锅、温度计、恒温箱、搅拌器等。

4　实验内容与操作步骤

4.1　乳酸菌饮料

4.1.1　配方

酸乳:30%～40%(或奶粉:4%);

白糖:10%～11%;

稳定剂(果胶):0.4%;

乳酸-柠檬酸(柠檬酸:乳酸＝2:1)约 0.23%。

4.1.2　工艺流程

　　　　　　　　　　　　　　　　　　　　　稳定剂、糖液等配料
　　　　　　　　　　　　　　　　　　　　　　　　↓
牛乳 → 过滤 → 预热 → 均质 → 杀菌 → 接种发酵 → 冷却 → 破乳 → 混合 → 均

　　　　┌→灌装→冷藏销售①
质 ──┼→超高温杀菌→无菌灌装→常温销售②
　　　　└→杀菌→热灌装③

4.1.3　工艺要点

　　(1)原料乳的预处理:可以采用鲜乳或乳粉复原后标准化至非脂乳固形物含量在 9%～10%。在生产乳酸菌饮料时,应尽量选用脱脂乳,以防止产品中脂肪上浮及保存过程中的脂肪氧化。如果需添加果蔬汁,则需进行均质处理。

　　(2)杀菌:为促进乳酸菌的发酵,提高产品的储存性能,原料乳通常采用 90～95℃ 加热,时间为 15～30min。

　　(3)发酵剂:在生产活力型乳酸菌饮料时,为提高产品的保健功能,可添加双歧杆菌、嗜酸乳杆菌等保健作用较强的菌种。而在生产杀菌型乳酸菌饮料时,则主要考虑风味及产酸能力,选用的菌种主要为酸乳发酵剂,或单独采用保加利亚乳杆菌或干酪乳杆菌。发酵剂的接种量通常在 2%～3%。

　　(4)发酵条件:发酵剂加入和重复混匀后静置发酵,35～37℃恒温培养至乳酸度 1.5%～2.0%一般需 12～18h,此时活菌数达到 10^8 个/mL,发酵结束后需马上冷却至 10℃ 以下。

　　(5)配料的处理:配料中的糖、稳定剂和色素等均需要单独制备,分别杀菌。配料混合时,需将稳定剂和部分糖混匀加热熔化成 2%～3% 的糖浆。糖浆和发酵乳混合后加入稳定剂,再添加其他配料,添加时温度在 20℃ 以下为适宜。色素和香精最后添加。

　　糖:一般选用蔗糖,也可采用果葡糖浆。糖的种类需考虑甜度及渗透压,其中蔗糖需溶解成糖浆后过滤加入。

　　稳定剂:通常采用羧甲基纤维素(CMC)及其钠盐(CMC-Na)等。稳定剂的使用量取决于乳固形物及糖和酸的比例,一般使用量≤1.0%。由于稳定剂比较难溶解,易凝结成块,所以通常需要将糖和稳定剂按比例混匀后慢慢加入水中,直至完全溶解为止。

　　酸味剂:主要用于改善饮料风味,还具有一定的抑菌作用。生产乳酸菌饮料加酸味剂不能添加固体酸,以防止分布不均匀。应配成低浓度溶液缓慢加入,快速搅拌,使 pH 值急剧下降,快速通过等电点。生产上常用的有机酸有柠檬酸、乳酸、苹果酸等,可也采用复合酸味剂。酸味剂通常添加量在 0.3%～0.5%。

　　香精及色素:通常采用果汁香精和菠萝香精,也可采用香蕉、核桃、木瓜等香精。色素采用依据产品的类型而定,需要兼顾色和味,通常采用焦糖色和 β-胡萝卜素。

　　(6)凝乳破碎及混合:发酵结束后需进行冷却和凝乳破碎,破碎同时可加入经过杀菌处理后的稳定剂和糖液等混合料。

　　(7)均质:为提高产品的稳定性,必须进行均质。均质前需要先过滤,压力控制在10～15MPa,温度控制在 53℃ 左右。必要时可加水稀释。

(8)杀菌:杀菌型乳酸菌饮料在发酵结束后需要进行杀菌,以提高产品保质期,保质期通常在3～6个月。杀菌条件一般采用高温短时巴氏杀菌,或更高的温度条件如95～108℃,30s或者110℃,4s。而活力型乳酸菌饮料不需要杀菌,发酵结束后可直接进行无菌灌装。

4.2　配制型酸乳饮料加工

4.2.1　酸乳饮料配方

牛乳100kg、水150～170kg、白糖7～10kg、果汁30kg、稳定剂0.6～0.9kg、柠檬酸0.45～0.75kg、香精适量。

4.2.2　酸乳饮料加工工艺

(1)原料乳验收:原料乳符合鲜乳的质量要求,不含抗生素。

(2)原料乳杀菌:90℃,30min。

(3)加辅料:按配方将稳定剂与白糖混合均匀,再慢慢地加入水中,搅拌均匀后,加热溶解,然后加入牛乳中,搅拌均匀。

(4)均质:用胶体磨或均质机使稳定剂等与乳混合均匀。

(5)加果汁和柠檬酸:果汁和柠檬酸在搅拌下加入并搅匀。

(6)包装:分装入包装容器并封口。

(7)杀菌:85℃,30min杀菌,然后冷却至常温。

4.2.3　注意事项

(1)加酸时切记在高速搅拌下缓慢加入,防止局部酸度过高造成蛋白质变性。

(2)为使稳定剂发挥应有的作用,必须保证正确的均质温度和压力。

5　讨论题

1.如何评价乳酸饮料的稳定性?

2.乳酸饮料加工过程中的关键点是什么,应如何控制?

二维码2-3
乳饮料制作
(PPT)

实验六　乳粉的制作

1　实验目的

通过本实验,掌握牛乳真空浓缩与喷雾干燥技术的一般原理,了解喷雾干燥机的构造,掌握乳粉加工的工艺流程,熟悉各工艺的操作要点。

2　实验原理

广义上讲,乳粉是指以生乳或乳粉为原料,添加或不添加食品添加剂和营养强化剂等辅料,经脱脂、浓缩、喷雾干燥或者干混而制成的粉末状产品。乳粉主要可分为全脂乳粉、脱脂乳粉和速溶乳粉等。乳粉加工中主要的步骤为真空浓缩和喷雾干燥。真空浓缩即在真空状态下,使水的沸点降低,从而使水在较低的温度下达到沸点状态,产生的水蒸气从液体中蒸发出来,从而达到浓缩食品的目的。喷雾干燥是指将浓缩的乳通过雾化器,使之分散成雾状的小液滴,在干燥室内与热风接触,使小液滴表面的水分在瞬间蒸发完毕,干燥后的粉末落入干燥室的底部,收集得到产品。通常乳粉的水分含量在 $2.5\%\sim5\%$。低水分活度能抑制细菌繁殖,延长货架寿命,大大降低了重量和容积,减少了产品的储存和运输费用。

3　实验材料与仪器设备

牛奶、白糖、喷雾干燥机、配料缸、水粉混合器、加热器、真空蒸发器。

4　实验操作步骤

4.1　乳粉的一般生产工艺流程

原料验收→预处理→标准化→均质→杀菌→真空浓缩→喷雾干燥→冷却储存→包装→成品。

4.2　工艺要点

(1)原料乳的验收:原料乳需经过严格检验。原料乳要符合鲜乳的质量要求(GB 19301—2010),经过严格的感官、理化及微生物检验合格后,才能进行产品生产。

（2）原料乳的预处理：工序包括过滤、净化、冷却及储存等，严格按照要求进行处理。

（3）配料：乳粉生产过程中，除了少数几个品种（如全脂乳粉、脱脂乳粉）外，都要经过配料工序，其配料比例按产品要求而定。配料时所用的设备主要有配料缸、水粉混合器和加热器。

（4）均质：生产全脂乳粉、全脂甜乳粉以及脱脂乳粉时，一般不必经过均质操作，但若乳粉的配料中加入了植物油或其他不易混匀的物料时，就需要进行均质操作。均质时的压强一般控制在 14～21MPa，温度控制在 60℃为宜。均质后脂肪球变小，从而可以有效地防止脂肪上浮，并易于消化吸收。全脂乳粉的脂肪含量应控制在 25%～30%。

（5）杀菌：牛乳的杀菌方法较多。具体应用时，不同的产品可根据本身的特性选择合适的杀菌方法。目前最常见的是采用高温短时灭菌法（85～87℃/15s），因为该方法可使牛乳的营养成分损失较小，乳粉的理化特性较好。

（6）真空浓缩：牛乳经杀菌后立即泵入真空蒸发器进行减压（真空）浓缩，除去乳中大部分水分（70%～80%），然后进入干燥塔中进行喷雾干燥，以利于产品质量和降低成本。一般要求原料乳浓缩至原体积的 1/4，乳干物质达到 45%左右。浓缩后的牛乳温度一般约为 47～50℃。不同的产品浓缩程度如下：

全脂乳粉：11.5～13°Be，相应乳固体含量 38%～42%。

脱脂乳粉：20～22°Be，相应乳固体含量 35%～40%。

全脂甜乳粉：15～20°Be，相应乳固体含量 45%～50%。

（7）喷雾干燥：浓缩乳中仍然含有较多的水分，必须经喷雾干燥后才能得到乳粉，乳粉中水分含量通常在 2.5%～5%。喷雾干燥设备见图 2-1 所示，主要操作步骤可分为进料、雾化物料和热空气接触、雾化物料的干燥、干燥好的乳粉与废气的分离。过滤的空气经鼓风机吸入，通过空气加热器加热至 150～200℃后，送入喷雾干燥室，同时浓缩乳由奶泵送至离心喷雾转盘，形成小液滴与热空气充分接触，在强烈的热交换下瞬间完成蒸发干燥。形成的乳粉颗粒落入底部的收集器，而小的颗粒则通过尾气在旋风分离器中回收。

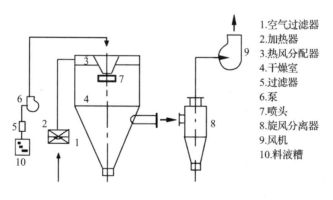

1.空气过滤器
2.加热器
3.热风分配器
4.干燥室
5.过滤器
6.泵
7.喷头
8.旋风分离器
9.风机
10.料液槽

图 2-1　喷雾干燥设备

（8）冷却：喷雾干燥室内温度较高，高温下会导致游离脂肪酸增多，保藏期内易引起脂肪氧化变质，产生氧化味，影响产品的颜色和溶解度。在不设置二次干燥的设备中，需冷却以防脂肪分离，然后过筛（20～30 目）后即可包装。在设有二次干燥设备中，乳粉经二次干燥后进入冷却床被冷却到 40℃ 以下,再经过粉筛送入奶粉仓,待包装。筛粉一般采用机械振动筛,过筛后可将粗粉和细粉混合均匀,并除去团块和粉渣。

(9)包装:全脂乳粉中含有 26% 以上的乳脂肪,容易受光、氧气等作用而变化。因此,需要对包装室内的空气采取调湿、降温措施,室温一般控制在 18~20℃,空气相对湿度为 50%~60%。如需长期保存,则应采取真空包装或充氮气密封包装。

二维码 2-4
乳粉制作
（PPT）

实验七　干酪的制作

1　实验目的

通过本实验,加深对干酪加工原理的认识,了解干酪加工的方法,初步掌握干酪的加工工艺,了解影响干酪产量和质量的各种因素。

2　实验原理

干酪主要可分为天然干酪和再制干酪两大类。干酪根据水分含量、成熟度及发酵菌种进行分类。干酪富含蛋白、钙及各种维生素,并含有蛋白肽及游离脂肪酸等功能性因子。

干酪主要的加工原理在于凝乳。凝乳是指酪蛋白在凝乳酶的作用下形成副酪蛋白,此过程为酶解过程。当副酪蛋白的含量达到一定程度时,溶液中的游离钙会在各酪蛋白分子间形成钙桥,使副酪蛋白胶粒发生团聚作用而产生凝胶体。

干酪加工过程中另一个重要步骤为添加发酵剂。发酵剂能发酵乳糖产生乳酸,降低pH 值而有利于凝乳酶作用,同时能促进凝块收缩,使凝块具有良好的弹性;此外,发酵剂还能产生相应的蛋白酶、脂肪酶等分解蛋白质和脂肪等物质,在成熟过程中产生相应的风味物质。

3　实验材料与仪器设备

3.1　实验材料

牛乳(无抗)、干酪发酵剂、$CaCl_2$、凝乳酶、食盐、聚乙烯膜。

3.2　仪器设备

干酪刀、干酪槽、干酪模具、温度计、压榨机、pH 计、真空包装机、冰箱或冷库。

4　实验内容与操作步骤

4.1　农家干酪

农家干酪属典型的非成熟软质干酪,它具有爽口、温和的酸味,光滑、平整的质地。因为农家干酪是非常易腐的产品,制作农家干酪的所有设备及容器都必须彻底清洗消毒以防杂菌污染。

4.1.1　原料乳及预处理

农家干酪是以脱脂乳或浓缩脱脂乳为原料,一般用脱脂乳进行标准化调整,使无脂固形物达到8.8%以上。然后对原料乳进行63℃、30min或72℃、15s的杀菌处理,杀菌后用冷却水迅速冷却至发酵温度。

4.1.2　发酵剂和凝乳酶的添加

(1)添加发酵剂:将杀菌后的原料乳注入干酪槽中,保持在25~30℃,添加制备好的生产发酵剂(多由乳酸链球菌和乳脂链球菌组成)。添加量为:短时法(5~6h)5%~6%,长时法(16~17h)1.0%。加入前要检查发酵剂的质量,加入后应充分搅拌。

(2)氯化钙及凝乳酶的添加:按原料乳量的0.011%加入$CaCl_2$,搅拌均匀后保持5~10min。按凝乳酶的效价添加适量的凝乳酶,一般为每100kg原料乳加0.05g凝乳酶,搅拌5~10min。

4.1.3　凝乳的形成

凝乳是在25~30℃条件下进行的。一般短时法需静置4.5~5h以上,长时法则需12~14h。当乳清酸度达到0.52%(pH为4.6)时凝乳完成。

4.1.4　切割、加温搅拌

(1)切割:当酸度达到0.50%~0.52%(短时法)或0.52%~0.55%(长时法)时开始切割。用水平和垂直式刀分别切割凝块。凝块的大小为1.8~2.0cm(长时法为1.2cm)。

(2)加温搅拌:切割后静置15~30min,加入45℃温水(若用长时法,加30℃温水)至凝块表面10cm以上位置。边缓慢搅拌,边在夹层加温,在45~90min内达到49℃(若用长时法,2.5h达到49℃),搅拌使干酪粒收缩至0.5~0.8cm大小。

4.1.5　排除乳清及干酪粒的清洗

将乳清全部排除后,分别用29℃、16℃、4℃的杀菌纯水在干酪槽内漂洗干酪粒3次,以使干酪粒遇冷收缩,相互松散,并使其温度保持在7℃以下。

4.1.6　堆积、添加风味物质

水洗后将干酪粒堆积于干酪槽的两侧,尽可能排除多余的水分。再根据实际需要加入各种风味物质,最常见的是加入食盐(1%)和稀奶油,使成品乳脂率达4.0%~4.5%。

4.1.7　包装与储藏

一般多采用塑料杯包装,应在10℃以下储藏并尽快食用。

4.2　马苏里拉干酪

4.2.1　原料乳的预处理

原料乳应是新鲜无抗牛乳,相对密度1.029~1.031,脂肪含量为3.5%~4.0%,蛋白质含量为 2.85%～2.95%，酪蛋白含量为 2.16%～2.17%，将原料乳标准化，使得酪蛋白与乳脂肪的比例达到 0.67～0.71。

4.2.2　杀菌

采用低温长时（63℃，并保持 30min）或高温短时（72℃，并保持 15s）对原料乳进行杀菌，然后将原料乳冷却到 35～37℃。杀菌的主要作用包括：

（1）杀死原料乳中的致病性微生物及其他 98%～99% 的细菌；

（2）钝化及破坏原料乳中的各种酶类，原料乳中的酶类在干酪保存过程中会分解乳脂肪、蛋白及糖类，造成不良风味，杀菌有助于产品保持稳定；

（3）高温杀菌能使乳清蛋白变性，结合到酪蛋白胶束的表面，在加工过程中留在干酪中，以增加干酪产量，减少损失。

4.2.3　酸化

不同水分含量的马苏里拉干酪所需的发酵剂也有差异，通常采用接种乳酸发酵剂，菌种选用链球菌嗜热亚种（*Streptococcus salivarius* subsp. Thermophilus）和保加利亚乳杆菌（*Lactobacillus delbrueckii* subsp. Bulgaricus）。发酵剂的接种量为 1%～2%，搅拌均匀后加入 0.005%～0.015% 的氯化钙，并搅拌均匀。静置发酵 30min，使其酸度达 21°T。目前也可采用直接添加柠檬酸盐等调节 pH，直接完成预酸化，以缩短生产时间。

4.2.4　添加凝乳酶

当达到预定酸度后，可添加凝乳酶（包括小牛皱胃酶、各种微生物和植物蛋白酶等），加入食盐水溶液，搅拌均匀，静置凝乳。

4.2.5　凝块切割

静置 35min 左右，待凝乳达到一定硬度后（可用温度计以 45° 斜角插入后挑开，如果切口较为锐利，则可进一步切割），用干酪刀切割成 $1cm^3$ 的小方块，静置 5min。

4.2.6　加热及堆叠

边升温、边缓慢搅拌，使温度在 15min 内上升到 42℃，等待乳清 pH 值达到 6.1～6.2，乳清酸度在 0.11%～0.13% 时开始排出乳清，直到乳清全部排出。升温有助于凝块收缩及乳酸菌发酵而析出乳清。

将干酪堆叠在干酪槽的两侧，10～20min 后形成大块状，将凝块切成 20cm 宽的小块，每隔 10min 翻转一次，直到 pH 值达到 5.2～5.3。

4.2.7　加盐

将凝块切成小条，加入 1.5%～2% 的食盐，充分混匀。

4.2.8　热烫拉伸

热烫拉伸可以在铁桶内人工进行，也可以放入热烫拉伸机中进行。将凝块小条放在挤揉机（加入热水溶液 75～80℃）中热烫、拉伸。拉伸包括横向拉伸和纵向拉伸。使凝块小条中心温度达 66℃，凝块形成拉丝状的特殊结构，这样马苏里拉干酪就具有拉伸性，适合用于比萨饼的顶部配料，因为它有特殊的质地极适于焙烤。

4.2.9 冷却及盐渍

将挤揉后的干酪装入模具,用 4～10℃无菌冷水进行冷却、脱模。

干酪放在食盐水中,溶液的浓度一般为 18%～23%,可同时补充 0.06% 的钙。水温 4～10℃下浸泡 14～24h。

4.2.10 包装和储存

晾干,进行真空包装,在 4℃条件下进行成熟 2～4 周。包装形式可根据客户的要求而定。储存在 −18℃冷冻库中保质期为一年。

4.3 切达干酪

4.3.1 原料乳的预处理

原料乳应选用新鲜无抗牛乳,相对密度为 1.029～1.031,脂肪含量为 3.5%～4.0%,蛋白质含量在 2.9% 以上。将原料乳标准化,使得酪蛋白与乳脂肪的比例达到 0.67～0.71。

4.3.2 杀菌

采用低温长时(63℃,并保持 30min)或高温短时(72℃,并保持 15s)对原料乳进行杀菌,然后将乳冷却到 35～37℃。将杀菌后的原料乳加入事先经过杀菌的干酪槽中。

4.3.3 预酸化

根据干酪品种选择合适的发酵剂,通常接种乳酸发酵剂,菌种选用链球菌嗜热亚种和保加利亚乳杆菌。发酵剂的接种量为 1%～2%,搅拌均匀后加入 0.01%～0.02% 的氯化钙,并搅拌均匀。静置发酵 30min,使其酸度达 18～20°T。目前也可采用直接添加柠檬酸盐等调节 pH,直接完成预酸化,以缩短生产时间。

4.3.4 添加凝乳酶

当达到预定酸度后,可添加凝乳酶(包括小牛皱胃酶、各种微生物和植物蛋白酶等),添加量约为 0.002%～0.004%。加入食盐水溶液,搅拌均匀,静置凝乳。

4.3.5 凝块切割

静置 30min 左右,待凝乳达一定硬度后(可用温度计以 45°斜角插入后挑开,如果切口较为锐利,则可进一步切割),用干酪刀切割成 1cm³ 的小方块,静置 5min。

4.3.6 加热及堆叠

边升温、边缓慢搅拌,使温度在 15min 内上升到 42℃,待乳清 pH 值达到 6.1～6.2、乳清酸度在 0.11%～0.13% 时开始排出乳清。将干酪堆叠在干酪槽的两侧,10～20min 后形成大块状,将凝块切成 20cm 左右的块状,每隔 10min 翻转一次,一般每次按照 2 块、4 块的顺序反转叠加堆积。直到乳清的酸度达到 0.5%～0.6%(部分高酸度干酪需要达到 0.75%～0.85%),持续时间大约 2h。这一步可采用机器进行操作。

4.3.7 破碎及加盐

堆叠结束后,需将饼状的干酪用破碎机处理,将凝块切成小条(1.5～2cm)。破碎后可使食盐分布更均匀,并除去产生的不良风味。加盐可采用干盐法,当乳清酸度达到0.8%～0.9%时,按照凝块总量的2%～3%加入干盐,加入后不断搅拌,以促进乳清析出和凝块收缩,调整乳酸的产生。

4.3.8 压榨成型

将凝块放入特制模具中,在室温下进行压榨。开始预压榨时要求压力较小,然后逐渐增大,一般先在0.35～0.4MPa下压榨30min,成型后再继续压榨过夜(10～12h),最后正式压榨1d以上。

4.3.9 成熟

压榨成型后的干酪需要放入成熟间进行发酵成熟,成熟间要求温度在10～15℃、相对湿度85%。刚开始每天正反擦拭一次,约1周后,进行涂布挂蜡或真空塑封,在10～15℃需要成熟半年以上,而在4℃左右需要成熟1年。成熟后的干酪需要冷藏条件下保存,以防止霉菌等微生物的生长。

二维码2-5
干酪制作
(PPT)

实验八　冰激凌的制作

1　实验目的

通过本实验,掌握冰激凌的制作工艺和冰激凌膨胀率的测定方法,掌握对冰激凌的感官评价(色泽、气味、质地及组织状态),熟悉冰激凌的配料、加工工艺及生产操作,并掌握冰激凌的生产原理。

2　实验原理

冰激凌是以饮用水、乳品、蛋品、甜味料、食用油脂等为主要原料,加入适量的香味料、稳定剂、着色剂、乳化剂等食品添加剂,经混合、灭菌、均质、老化、凝冻等工艺,再经成型、硬化等工艺制成的冷冻食品。根据消费形式等差异,可分为风味软冰激凌和硬冰激凌。硬冰激凌是指产品在加工过程中有硬化处理,其中冰的含量大幅提高,产品品质较硬。而软质冰激凌未经过硬化处理,凝冻后直接出售消费。冰激凌加工过程中老化和凝冻是主要的加工工艺,在加工过程中需要保持适当的膨胀率,并防止重结晶,冰激凌的配料、制作和储存均围绕这些关键问题。

3　实验材料与仪器设备

3.1　实验材料

速溶全脂乳粉、甜炼乳、奶油、鲜蛋、白糖、单甘酯、明胶、香草香精等,冰激凌杯、盖、勺、533 消毒液(或漂白水)等。

3.2　仪器设备

冰激凌机、高压均质机、制冰机、电冰箱、不锈钢锅、水浴锅、电炉、天平、过滤筛(100～200 目)、纱布、烧杯、量杯、量筒、玻璃棒、温度计(包括 0～100℃和－50～＋50℃两种)、搪瓷盘等。

4　实验操作步骤

4.1　加工工艺

混合原料配制→巴氏灭菌→均质→冷却→老化(加入香精)→凝冻→添加配料→包装→硬化→储藏。

4.2　参考配方

速溶全脂乳粉 10%、甜炼乳 10%、奶油 7%、白糖 10%、明胶 0.4%、单甘酯 0.3%、鲜蛋 7%、香草香精 0.15%，水加至 100%。

若速溶全脂乳粉含蔗糖 20%，则速溶全脂乳粉用量改为 12.5%，白糖用量改为 8%。若买不到奶油，可使用人造奶油。

4.3　工艺要点

4.3.1　原料处理和配制

在白糖中加入适量的水，加热溶解后经 120 目筛过滤后备用。将明胶用冷水洗净，再加入温水制成 10% 的溶液备用。鲜蛋去壳后除去蛋白，将蛋黄搅拌均匀后备用。

在不锈钢锅内先加入一定量的水，预热至 50~60℃，加入速溶全脂乳粉、甜炼乳、奶油、单甘酯和蛋黄，搅拌均匀后，再加入经过过滤的糖液和明胶溶液，加水至定量。

4.3.2　巴氏灭菌

将装有配制好的混合原料的不锈钢锅放入水浴锅中，以 75℃ 左右的温度杀菌 25~30min（指混合原料的温度）或者在 85℃ 左右的温度杀菌 15s。

4.3.3　过滤

杀菌后的混合原料经 120 目筛过滤，以除去杂质。

4.3.4　均质

将杀菌和过滤后的混合原料冷却至 65℃ 左右，用高压均质机进行均质。高压均质机在使用前必须用自来水进行清洗，然后用适当浓度（含 400ppm 有效氯）的 533 消毒液（或漂白水）消毒，最后再以无菌水冲洗。加入二段混合原料后将均质机的高压压强调至 17MPa，低压压强调至 3.5MPa 左右。高压均质可使冰激凌组织细腻，润滑松软，减少冰晶的形成，以增加冰激凌稳定性和持久性，提高膨胀率。

4.3.5　冷却

均质后的混合原料，先用常温水冷却，再用冰粒加水尽快冷却至 2~4℃。冰粒可预先利用制冰机制作。

4.3.6　老化

冷却后的混合原料，放入冰箱的冷藏室内老化 4h 以上，老化温度尽可能控制在 2~4℃。老化结束时加入香精，并搅拌均匀。老化过程可使脂肪、蛋白和稳定剂充分水合，增加料液的黏度，有利于搅拌时提高膨胀率。

4.3.7　凝冻

对冰激凌机的凝冻筒的内壁先进行清洗，然后用适当浓度（含 400ppm 有效氯）的 533 消毒液（或漂白水）消毒 10min，最后再用无菌水冲洗 1~2 次。

将老化好的混合原料 1.5L 倒入冰激凌机的凝冻筒内，先开动搅拌器，再开动冰激凌机的制冷压缩机制冷。待混合原料的温度下降至−4～−3℃时,冰激凌呈半固体状即可出料。凝冻所需的时间大致为 10～15min。

4.3.8　包装

根据需要先对冰激凌杯、勺进行消毒,可用适当浓度(含 300～400ppm 有效氯)的 533 消毒液(或漂白水)浸泡消毒 5min,再以无菌水浸泡洗涤去除余氯味。冰激凌杯的纸盖用纱布包好,以常压蒸汽消毒 10min。

将凝冻好的冰激凌装入冰激凌杯中,放上小勺,加盖密封,整齐地放在搪瓷盘上。

4.3.9　硬化及储存

将装有冰激凌杯的搪瓷盘放入冻结室中硬化数小时。将冰激凌成品放在−20℃以下的冻藏室中储藏。

5　产品品质评价

5.1　冰激凌的感官评定

对所制作的冰激凌进行色泽、质构和风味的感官评定。冰激凌应该口感细腻、润滑、无冰晶体感、色泽适宜、香味纯正。采用描述性实验法对实验产品的色泽、气味、滋味和组织状态进行感官评价。

5.2　测定冰激凌的膨胀率

随机抽取一杯软质冰激凌(例如 150mL),倒入烧杯中,再加入等体积的水(150mL),水浴加热至 50℃,使冰激凌中的空气排出,再加入 6mL 乙醚,消除残余的气体,然后用量筒测量其容积,即可计算出这杯冰激凌所用的混合原料的容积。计算公式如下:

$$E=\frac{V_2-V_1}{V_1}\times100\%$$

式中:V_1——混合原料的容积;

V_2——凝冻后冰激凌的容积;

E——冰激凌的膨胀率。

5.3　测定冰激凌的抗融性

硬化后的冰激凌放在两个大烧杯中,放入 32℃的培养箱中,观察它们的融化顺序及融化速度。

6　注意事项

二维码 2-6
冰激凌制作
(PPT)

在整个制作过程中,要严格按照食品卫生要求操作,并详细记录各主要工艺参数。高压均质机和冰激凌凝冻机用过后,要用热水彻底清洗。

参考文献

[1]陈有亮.动物产品加工实验指导[M].杭州:浙江大学出版社,2011.

[2]彭增起,蒋爱民.畜产品加工学实验指导[M].2版.北京:中国农业出版社,2014.

[3]汪银锋,李素平,高腾云,等.原料乳质量指标关系概述[J].江苏农业科学,2010(2):332-333.

[4]H.罗金斯基,J.W.富卡,P.F.福克斯,等.乳品科学百科全书[M].李庆章,霍贵成,赵新淮,等译.北京:科学出版社,2009.

[5]张兰威.乳与乳制品工艺学[M].北京:中国农业出版社,2006.

[6]Teknotext A B. Dairy processing handbook. Sweden:Tekra Pak Processing Systems AB,1995.

[7]Fox P F,McSweeney P L H,Cogan T M,et al. Cheese chemistry,physics and microbiology. London:Elsevier Academic Press,2004.

[8]周光宏.畜产品加工学[M].2版.北京:中国农业出版社,2010.

第三部分　蛋品实验

实验一　鲜蛋的验收及质量评价

1　实验目的

通过实验,了解鲜蛋验收及质量评价的内容,并掌握其检验方法。

2　实验材料与仪器设备

2.1　实验材料

新鲜鸡蛋。

2.2　仪器设备

照蛋器、玻璃平皿或瓷碟。

3　实验内容与操作步骤

3.1　感官鉴定

鲜蛋的感官检验分为蛋壳检验和打开检验。蛋壳检验包括眼看、手摸、耳听、鼻嗅等方法,也可借助于灯光透视进行检验。打开检验是将鲜蛋打开,观察其内容物的颜色、稠度、性状、有无血液、胚胎是否发育、有无异味和臭味等。

3.1.1　蛋壳检验

(1)眼看

实验方法:用眼睛观察蛋的外观,包括形状、色泽、清洁程度等。

评定指标:

良质鲜蛋——蛋壳清洁、完整、无光泽,壳上有一层白霜,色泽鲜明。

次质鲜蛋——一类次质鲜蛋:蛋壳有裂纹、砣窝现象,蛋壳破损,蛋清外溢或壳外有轻度霉斑等。二类次质鲜蛋:蛋壳发暗,壳表破碎且破口较大,蛋清大部分流出。

劣质鲜蛋——蛋壳表面的粉霜脱落,壳色油亮,呈乌灰色或暗黑色,有油样浸出,有较多或较大的霉斑。

(2)手摸

实验方法:用手摸蛋的表面是否粗糙,掂量蛋的轻重,把蛋放在手掌心上翻转等。

评定指标:

良质鲜蛋——蛋壳粗糙,重(质)量适当。

次质鲜蛋——一类次质鲜蛋:蛋壳有裂纹、硌窝或破损,手摸有光滑感;二类次质鲜蛋:蛋壳破碎、蛋白流出。手掂重(质)量轻,蛋拿在手掌上翻转时总是一面向下(贴壳蛋)。

劣质鲜蛋——手摸有光滑感,掂量时过轻或过重。

(3)耳听

实验方法:把蛋拿在手上,轻轻抖动使蛋与蛋相互碰击或是手握蛋摇动,听其声音。

评定指标:

良质鲜蛋——蛋与蛋相互碰击声音清脆,手握蛋摇动无声。

次质鲜蛋——蛋与蛋碰击发出哑声(裂纹蛋),手摇动时内容物有流动感。

劣质鲜蛋——蛋与蛋相互碰击发出嘎嘎声(孵化蛋)、空空声(水花蛋)。手握蛋摇动时内容物有晃荡声。

(4)鼻嗅

实验方法:用嘴向蛋壳上轻轻哈一口热气,然后用鼻子嗅其气味。

评定指标:

良质鲜蛋——有轻微的生石灰味。

次质鲜蛋——有轻微的生石灰味或轻度霉味。

劣质鲜蛋——有霉味、酸味、臭味等不良气体。

3.1.2　打开检验

实验方法:将鲜蛋打开,将其内容物置于玻璃平皿或瓷碟上,观察蛋黄与蛋清的颜色、稠度、性状、有无血液、胚胎是否发育、有无异味等。

评定方法与指标如下:

(1)颜色检验

良质鲜蛋——蛋黄、蛋清色泽分明,无异常颜色。

次质鲜蛋——一类次质鲜蛋:颜色正常,蛋黄有圆形或网状血红色;蛋清颜色发绿。二类次质鲜蛋:蛋黄颜色变浅,色泽分布不均匀,有较大的环状或网状血红色,蛋壳内壁有黄中带黑的粘连痕迹或霉点,蛋清与蛋黄混杂。

劣质鲜蛋——蛋内液态流体呈灰黄色、灰绿色或暗黄色,内杂有黑色霉斑。

(2)性状检验

良质鲜蛋——蛋黄呈圆形凸起而完整,并带有韧性。蛋清浓厚,稀稠分明,系带粗白而有韧性,并紧贴蛋黄的两端。

次质鲜蛋——一类次质鲜蛋:性状正常或蛋黄呈红色的小血圈或网状血丝。二类次质鲜蛋:蛋黄扩大、扁平,蛋黄膜增厚发白,蛋黄中呈现大血环,环中或周围可见少许血丝。

蛋清变得稀薄,蛋壳内壁有蛋黄的粘连痕迹,蛋清与蛋黄相混杂。

　　劣质鲜蛋——蛋清和蛋黄变得稀薄混浊,蛋膜和蛋液中都有霉斑或蛋清呈胶冻样霉变,胚胎形成、长大。

　　(3)气味检验

　　良质鲜蛋——具有鲜蛋的正常气味,无异味。

　　次质鲜蛋——具有鲜蛋的正常气味,无异味。

　　劣质鲜蛋——有臭味、霉变味或其他不良气味。

3.2　灯光透视检验

3.2.1　实验方法

　　灯光透视是指在暗室中用手握住蛋体紧贴在照蛋器的光线洞口上,前后上下左右来回轻轻转动,靠光线的帮助看蛋壳有无裂纹、气室大小、蛋黄移动的影子、内容物的澄明度、蛋内异物,以及蛋壳内表面的霉斑、胚胎的发育等情况。

3.2.2　评定指标

　　良质鲜蛋——气室直径小于11mm,整个蛋呈微红色,蛋黄略见阴影或无阴影,且位于中央、不移动,蛋壳无裂纹。

　　次质鲜蛋——一类次质鲜蛋:蛋壳有裂纹,蛋黄部呈现鲜红色小血圈;二类次质鲜蛋:透视时可见蛋黄上呈现血环,环中及边缘呈现少许血丝,蛋黄透光度增强而蛋黄周围有阴影。气室大于11mm,蛋壳某一部位呈绿色或黑色。蛋黄不完整,散如云状,蛋壳膜内壁有霉点,蛋内有活动的阴影。

　　劣质鲜蛋——透视时黄、白混杂不清,呈均匀灰黄色,蛋全部或大部分不透光,呈灰黑色,蛋壳及内部均有黑色或粉红色斑点。蛋壳某一部分呈黑色且占蛋黄面积的1/2以上,有圆形黑影(胚胎)。

实验二　蛋的理化性质检测

1　实验目的

通过实验,了解蛋的理化性质内容,并掌握其检测方法。

2　实验材料与仪器设备

2.1　实验材料

新鲜鸡蛋、食盐、水。

2.2　仪器设备

电子天平、蛋形指数计(或游标卡尺)、密度计、照蛋器、气室高度测定规尺、蛋壳颜色反射计、蛋壳厚度测定仪(或测微仪)、蛋壳强度测定仪(或蛋壳分析仪)、高度测微仪。

3　实验内容与操作步骤

3.1　蛋的重量测定

将新鲜鸡蛋置于电子天平上称重。

在一般情况下,每个鸡蛋的重量为 32~65g,鸭蛋为 60~100g,鹅蛋为 160~200g。

3.2　蛋形指数测定

采用蛋形指数计测定或者用游标卡尺测量蛋的纵径与最大横径,以"mm"为单位,精确度为 0.5mm,然后按公式进行计算:蛋形指数＝纵径(mm)/横径(mm)。

3.3　蛋密度测定

分别配制浓度 11％密度为 1.081g/mL、浓度 10％密度为 1.073g/mL、浓度 8％密度为 1.059g/mL 的食盐水溶液。测定时,将鲜蛋依次放入密度从大到小的食盐水溶液中,在 1.081g/mL 食盐水溶液中下沉的蛋为最新鲜蛋;在 1.073g/mL 食盐水溶液中下沉的蛋为一般新鲜蛋;在 1.059g/mL 食盐水溶液中下沉的蛋是介于鲜蛋与陈蛋之间的次鲜蛋。悬浮蛋是陈蛋,漂浮蛋是臭蛋或坏蛋。

3.4　气室高度测定

采用气室高度测定规尺测定,将蛋的大头放在照蛋器上照视,用铅笔在气室的左右两边各画一记号,然后再放到用透明角质板或塑料板制成的气室高度测定规尺半圆形切口内,读出两边刻度线上的刻度数(单位:mm),按公式计算:气室高度(mm)=(气室左边高度+气室右边高度)/2。

3.5　蛋壳品质测定

蛋壳品质测定包括蛋壳颜色测定、壳厚测定、壳强度测定和壳密度测定。

(1)蛋壳颜色测定:采用蛋壳颜色反射计测定。在测定时将其头端的小孔压于蛋壳表面。该仪器与微处理器相接,输出读数并做记录。

(2)壳厚测定:蛋壳厚度可用蛋壳厚度测定仪、游标卡尺、安装在固定台架上的测微仪等进行测定。先将蛋打开,除去内容物,再用清水冲洗壳的内面,然后用滤纸吸干,剔除(或不剔除)蛋壳膜,取蛋壳钝端、中部、锐端各一小块(或者将蛋的短径三等份后取 3 点),再测量其厚度,求其平均厚度,以"mm"为单位,精确到 0.01mm。

(3)壳强度测定:采用蛋壳强度测定仪进行测定,单位为"Pa"。或者采用 TSSQS-SPA 蛋壳分析仪,用电子器件给蛋施压测定蛋的变形度和(或)压强。

(4)壳密度测定:将风干的蛋壳(包括壳膜在内)称重,并按下式计算蛋壳表面积:

$$S=3.279r(L+r)/2$$

式中:S——蛋壳表面积,cm^2;

　　　r——蛋的短径,mm;

　　　L——蛋的长径,mm。

再根据下面的公式计算蛋壳密度:

$$蛋壳密度(mg/cm^2)=蛋壳重(mg)/蛋壳表面积(cm^2)$$

3.6　蛋白品质测定

(1)蛋白指数测定:将蛋打开后,将浓厚蛋白与稀薄蛋白分开,称重,按下式计算:

$$蛋白指数=浓厚蛋白重量(g)/稀薄蛋白重量(g)$$

(2)哈夫单位测定:先将蛋称重,再将蛋打开放在玻璃平面上,用蛋白高度测定仪或用精密游标卡尺测量蛋黄边缘与浓厚蛋白边缘的中点,避开系带,测定 3 个等距离中点的平均值。按下面公式计算哈夫单位:

$$哈夫单位=100×lg(h+7.57-1.7×m^{0.37})$$

式中:h——浓厚蛋白高度,mm;

　　　m——蛋重,g。

3.7　蛋黄品质测定

蛋黄指数测定:将蛋打开放在蛋质检查台上,使用高度测微仪和精密游标卡尺分别测定蛋黄高度和蛋黄直径后计算。用下式计算蛋黄指数:

$$蛋黄指数=蛋黄高度(mm)/蛋黄直径(mm)$$

二维码 3-1
蛋的理化性质检测
(PPT)

实验三　咸蛋的制作

1　实验目的

咸蛋按加工方法可分为草灰法、盐水浸渍法和白酒浸腌法等。通过本实验,了解咸蛋的加工方法,并掌握制作咸蛋的工艺。

2　实验原理

咸蛋主要用食盐腌制而成。在咸蛋腌制时,蛋外的食盐料泥或食盐水溶液中的盐分,通过蛋壳、壳膜、蛋黄膜渗入蛋内,蛋内水分也不断渗出。蛋腌制成熟时,蛋液内所含食盐浓度,与料泥或食盐水溶液中的盐分浓度基本相近。高渗的盐分使细胞体的水分脱出,从而抑制了细菌的生命活动。同时,食盐可降低蛋内蛋白酶的活性和细菌产生蛋白酶的能力,从而减缓了蛋的腐败变质速度。食盐的渗入和水分的渗出,改变了蛋原来的性状和风味。

3　实验材料与仪器设备

3.1　实验材料

鲜鸭蛋、食盐、草灰、黄泥、水。

3.2　仪器设备

腌制缸、搅拌机(或打浆机)。

4　实验内容与操作步骤

4.1　草灰法制作咸蛋

草灰法又分提浆裹泥法、灰料包蛋法和盐泥涂布法 3 种。

4.1.1　提浆裹泥法

工艺流程如下:

配料→打浆→验料→静置成熟→搅拌均匀

　　　　　　　　　　　　　↓

鲜蛋→选蛋→照蛋→敲蛋→分级→提浆裹泥→装缸密封→成熟→储藏

（1）配方：以加工 1000 枚鸭蛋计，草木灰 2kg，植物灰 0.6kg，食盐 6kg，水 18kg。

（2）打浆：在打浆前，先将食盐倒入水中并充分搅拌使其溶解，然后将盐水全部加入搅拌机（或打浆机）中，再将草木灰分批加入进行搅拌，搅拌均匀后的灰浆呈不稀不稠的浓浆状。检验灰浆的方法：将手指插入灰浆内，取出后手上灰浆应黑色发亮、不流、不起水、不成块、不成团下坠，放入盘内无气泡现象。制好灰浆后放置一夜，次日即可使用。

（3）提浆、裹灰：将选好的蛋在灰浆中翻转一次，使蛋壳表面均匀黏上一层约 2mm 厚的灰浆，然后将蛋置于干植物灰中裹草灰，裹灰的厚度约 2mm。裹灰的厚度要适宜，若太厚，会降低蛋壳外灰浆中的水分，影响腌制成熟时间；若裹灰太薄，易造成蛋间的粘连。裹灰后将灰料用手压实、捏紧，使其表面平整、均匀一致。

（4）装缸密封：经裹灰、捏灰后的蛋应尽快装缸密封，然后转入成熟室。在装缸时，必须轻拿、轻放，叠放应牢固、整齐，防止操作不当使蛋外的灰料脱落或将蛋碰裂而影响产品的质量。

（5）成熟与储存：当气温较高时，食盐在蛋中的渗透速度快，腌制咸蛋的时间短。咸蛋的成熟期在夏季为 20～30d，在春秋季节为 40～50d。咸蛋成熟后，应在 25℃ 下保存，一般储存期为 2～3 个月。

4.1.2 灰料包蛋法

灰料包蛋法的配方与提浆裹泥法基本相同，只是配方中加水量为 10～12kg。其加工方法是：将草灰和食盐先在容器中混合，再适量加水并进行充分搅拌，混合均匀，使灰料成为干湿度适中的团块，然后将灰料直接包裹在蛋的外面。包好灰料以后将蛋置于缸中密封储藏。夏季约 15d，春秋季约 30d，冬季 30～40d，即可成熟。

4.1.3 盐泥涂布法

（1）配方：以加工 1000 枚鸭蛋计，食盐 6～7.5kg，干黄土 6.5kg，水 4～4.5kg，干草灰适量。

（2）加工方法：先将食盐放在容器内，加水溶解，再加入粉碎的黄土细粉，搅拌使其成为糯糊状。泥浆浓稠程度检验方法：取一枚蛋放入泥浆中，若蛋 1/2 沉入泥浆，1/2 浮于泥浆上面，则表示泥浆浓稠度合适。然后将挑选好的原料蛋放入泥浆中（每次 3～5 枚），使蛋壳粘满盐泥，再将蛋取出滚上一层干草灰入缸成熟。夏季 25～30d，春秋季 30～40d，即可成熟。

4.2 盐水浸渍法制作咸蛋

（1）盐水的配制：水 80kg，食盐 20kg，花椒、白酒适量。将食盐溶于水中，放入花椒、白酒即可。

（2）加工方法：将蛋放入缸内压上竹篾，再加上适当重物，以防蛋上浮，灌入盐水将蛋浸没，然后加盖密封腌制。夏季 20～25d，冬季 30～40d，即可成熟。

二维码 3-2
咸蛋制作
（PPT）

实验四 皮蛋的制作

1 实验目的

通过实验,了解皮蛋的相关基础知识,并掌握清料法制作皮蛋的工艺流程。

2 实验原理

虽然皮蛋加工的方法与配方很多,但所用的主要材料基本是相同的,包括氢氧化钠(或纯碱、生石灰)、食盐、硫酸铜(或硫酸锌)、水、茶叶等,有的工艺中也添加草木灰、黄泥等物质。将这些物质按比例混匀后,将禽蛋放入其中,在一定的温度和时间内,使蛋内的蛋清和蛋黄发生一系列的变化而成为皮蛋。

3 实验材料与仪器设备

3.1 实验材料

新鲜鸭蛋、食盐、水、茶叶、氢氧化钠、硫酸铜、花眼竹篾盖、木棍。

3.2 仪器设备

配料缸(桶)、煮料锅、电炉(或电磁炉)、腌制缸、恒温箱。

4 实验内容与操作步骤

4.1 皮蛋加工工艺流程

准备料液→鲜蛋装缸→灌料→定期抽检→出缸。

4.2 皮蛋加工操作要点

(1)准备料液

①配方:各地的配方标准,应根据生产季节、气候等情况做出调整,以保证产品的质量。由于夏季鸭蛋的质量不及春、秋季节的质量高,蛋下缸后不久便有蛋黄上浮及变质发生,为此,应将 NaOH 的用量标准适当加大,从而加速皮蛋的成熟度,缩短成熟期。一般配方:NaOH 4.0%~4.5%、$CuSO_4$ 0.4%、食盐 4%、茶叶 3%~4%。

②配料:首先将锅洗刷干净,然后按配料标准,把事先称量准确的茶叶、清水倒入锅中加热煮沸,转入缸(或桶)中,缓慢加入食盐、NaOH 与 $CuSO_4$,并不断搅拌,冷却后备用。

(2)鲜蛋装缸:鲜蛋装缸是将经过原料蛋选鲜,即经过感官检验、照蛋、敲蛋、分级等工序挑选出来的鲜鸭蛋,装入清洁的缸内。下缸前,在缸底要铺一层洁净的麦秸,以免最下层的鸭蛋直接与硬缸底相碰,受到上面许多层次的鸭蛋的压力而被压破。放蛋入缸时,要轻拿轻放,一层一层地平放,切忌直立,以免蛋黄偏于一端。蛋下至离缸面略低,大约装至距缸口 6～10cm 处,加上花眼竹篾盖,并用木棍压住,以免灌汤以后,鸭蛋飘浮起来。

(3)灌料:鲜蛋装缸后,搅动经过冷却凉透的料液(或料汤),使其浓度均匀,按需要量徐徐由缸的一边灌入缸内,直至鸭蛋全部被料汤淹没为止。灌汤时切忌猛倒,避免将蛋碰破和浪费料汤。料汤灌好后,再静置待鸭蛋在料汤中腌渍成熟。

(4)定期抽检:皮蛋腌制期至成熟期这段时间,都要严格掌握室内温度,一般在 21～24℃,并每周抽检蛋的腌制进程,确保腌制的顺利进行。

(5)出缸:一般情况下,鸭蛋在汤料的腌制下经 35～45d 即可出缸。出缸前,在各缸中抽样检验,认为全部鸭蛋成熟了,便可出缸。

二维码 3-3
皮蛋制作
(PPT)

实验五 虎皮蛋罐头和卤蛋的制作

（一）虎皮蛋罐头的制作

1 实验目的

掌握制作虎皮蛋罐头的工艺流程、操作要点。通过实验,进一步认识和理解蛋类罐头的加工原理与操作要点。

2 实验原理

虎皮蛋罐头是以鸡蛋为原料,经煮熟、剥壳、油炸、装罐、杀菌等工艺加工而成的一种蛋类罐头制品。因经油炸后的鸡蛋表面起黄褐色皱纹,状似虎皮而得名。

3 实验材料与仪器设备

3.1 实验材料

新鲜鸡蛋、精制食油、食盐、酱油、白砂糖、柠檬酸、八角、桂皮、味精等。

3.2 仪器设备

手动封罐机、排气机、高压灭菌锅、化糖锅（铜制或钢精锅）、手持糖度计、温度计和其他小用具。

4 实验内容与操作步骤

4.1 工艺流程

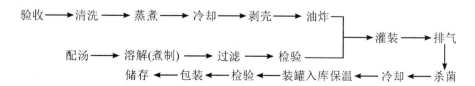

4.2　操作要点

(1)鲜蛋的验收:用感官法和透视法进行检验,剔除次劣蛋和变质蛋。

(2)清洗、分级:将验收合格的鲜蛋放入 30℃左右的水中浸泡 5～10min,捞出鲜蛋,并用水洗去粘在蛋壳上的杂物、粪便等,将蛋按大小分级,使罐中的蛋大小均匀。

(3)蒸煮、冷却、剥壳:将清洗后的鲜蛋放入 5％食盐溶液中煮沸 5min 左右,待鸡蛋完全熟透后捞出,立即浸入冷水中冷却,以便剥壳,冷透后,将蛋取出,剥去蛋壳及其内膜和蛋白膜;15～20min 后再反复漂洗,可全部脱落。

(4)油炸:将剥去蛋壳及膜的蛋沥干水分,然后放入 180～200℃的植物油中炸 3～5min,待蛋白表面炸至深黄色,并形成有皱纹的皮层时即可捞出。

(5)配汤:将茴香、桂皮等香辛料用纱布包好放入清水中煮沸 40～50min,当有浓郁香辛味溢出时加入食盐等辅料;待食盐、白糖溶解后,停止加热,汤汁用纱布过滤,保持汤汁在 80℃以上,备用。

(6)罐装:在已消毒的玻璃瓶中加入 80℃以上汤汁 200g 和虎皮蛋 300g。

(7)排气、封罐:热力排气,中心温度达到 80℃以上,真空密封,真空度 350～400mmHg,封罐后及时检查,挑出封罐不符合要求的罐。

(8)冷却:应注意冷却介质与罐头温差不宜过大,以防玻璃瓶炸裂。

(9)保温:进入保温库保温,目的在于检查罐头灭菌是否彻底,保温条件为 37℃左右,时间为 7d。

(二)卤蛋的制作

(1)用料配方:鲜蛋 100 枚,水 5kg,酱油 1.25kg、白酒 100g、白糖 400g、八角和桂皮各 4g、丁香 1g、葱 50g、生姜 20g、甘草 2g、味精和食盐各 25g。

(2)加工方法:先将各种香辛料用纱布包好,放入水中煮沸,再加酒、糖、盐、味精、酱油等调料,继续加热至沸即调成卤汁。

将鲜蛋洗净,放在水中煮沸 6～8min,待蛋白全部凝固后,取出浸在冷水中冷却数分钟,剥去蛋壳。然后将蛋浸入调好的卤汁中,用小火卤制 3h 左右,使卤汁香味渗入蛋内,蛋白呈酱色。

(3)真空包装:将煮好的卤蛋装袋,装袋后用干净纱布擦净袋口上的油污,然后放入真空包装机内,抽真空至 -0.1MPa,然后封口,检查袋的封口质量。

(4)杀菌:将包装好的卤蛋软罐头放入杀菌锅,加入清水,然后盖好锅盖,打开放气阀,开始加热,待锅内冷空气放完后关闭放气阀,到锅内温度升至 121℃时,开始计时,维持 20～30min,稍冷后再反压冷却至 40℃出锅。

二维码 3-4
卤蛋制作
(PPT)

(5)保温:将杀菌后的卤蛋软罐头放入 37±1℃的培养箱中,保温 7d,如无胀袋,即为成品。

实验六　糟蛋的制作

1　实验目的

理解糟蛋的加工原理,掌握糟蛋加工工艺、操作要点及质量控制操作要点。

2　实验原理

鲜蛋经过糟制而成糟蛋。糯米在酿制过程中,由于糖化菌的作用,将糯米中的淀粉分解成糖类,糖再经酵母发酵而产生醇类(主要是乙醇)。优质糯米含淀粉多,产生醇的量大,一部分醇氧化成乙酸。酸、醇能使蛋内蛋白和蛋黄变性、凝固,从而使蛋白变为乳白色的胶冻状,蛋黄呈半凝固的橘红色。糟中的醇与酸作用产生酯,所以产品有芳香味;糟中醇和糖由壳下膜渗入蛋内,故成品有酒香味及微甜味。

3　实验材料与仪器设备

3.1　实验材料

新鲜鸭蛋、糯米、酒药、水、食盐、红砂糖。

3.2　仪器设备

蒸桶、加热锅、腌制缸、牛皮纸、温度计、比重计。

4　实验内容与操作步骤

4.1　工艺流程

制糟→选蛋击壳→装坛→糟制。

4.2　操作要点

(1)制糟:将糯米淘洗后放入缸内,用冷水浸泡,浸泡时间为 20～28h,一般依气温而定。把浸好的糯米捞出,用水冲洗干净后在蒸桶内铺平蒸煮,开始时不加木盖,待锅内蒸汽透过糯米上升时再加木盖,经 10min 左右后用洗帚引蘸热水均匀散泼于饭面,然后盖上木盖,再蒸 10min 左右后用木棒将米搅拌一次,再蒸煮 5min 左右。将蒸好米饭的蒸桶放置于淋饭架上,用清水冲淋 2~3min,使热饭降温至 30℃左右时沥去水分,倒入缸中(每缸装 75kg 糯米所蒸出的饭约 110kg),然后拌上研碎的混合酒曲(绍药 275~300g,甜药 100~150g),搅拌均匀后拍平拍紧,并在中间挖一个深至缸底的潭穴。缸外包上保温用的草席,一般经过 1d,当潭内酒汁达 3~4cm 时,再用一根竹棒把草盖撑起 12cm 左右,使缸内温度下降。为确保酒精发酵正常进行,当酒汁满潭时,每隔 6h 左右把潭内酒汁用勺泼洒在糟面上及四周缸壁,使酒糟充分酿制,经过 1 周左右把酒汁灌入坛内,再过 2 周酒糟即酿制成熟可供加工糟蛋之用。

(2)选蛋击壳:通过感官鉴定和照蛋挑选优质鲜鸭蛋,剔除次、劣蛋和小蛋。将选好的鲜鸭蛋用板刷除去蛋壳上的污物,再用清水漂洗后晾干。击蛋时,将鸭蛋放在左手掌中,右手拿竹片轻击,以击破石灰质硬蛋壳使蛋壳略有裂痕而不使内蛋壳膜及蛋白膜破裂为宜,以保证糟渍易于渗入蛋内。

(3)装坛:取经过消毒的备用糟蛋坛,先在坛底摊放酒糟 4kg,再将鸭蛋大头向上直插入糟内,第一层蛋排好后再放入糟 4kg,摊好铺平,放入第二层蛋,再用 9kg 糟摊好铺平盖面,然后用食盐 1.5kg 均匀地铺撒在糟面上,最后用 2 张牛皮纸将坛口密封,外面用竹箬包在牛皮纸上,再用草绳沿坛口扎结实即可。

(4)糟制:糟蛋从落坛到糟渍成熟约需 5 个月。糟蛋的糟渍成熟过程,是在落坛后堆放在仓库中进行的。由于时间较长,需逐月检查其质量状况。至第 5 个月,蛋已糟渍成熟时,蛋壳一般已大部分脱落,蛋黄呈橘红色的半凝固状态,蛋白呈乳白色胶冻状。

实验七 蛋黄酱和色拉酱的制作

1 实验目的

通过制作蛋黄酱和色拉酱,掌握制作蛋黄酱和色拉酱的工艺流程、操作要点及质量控制操作要点。

2 实验原理

蛋黄酱是一种水包油(O/W)型乳状液,乳化是蛋黄酱生产的技术关键。在乳化剂作用下,经过高速搅拌和胶体磨的均质,使蛋黄酱成为一种稳定的乳状液。由于油与水是互不相溶的液体,为使产品稳定,必须进行乳化。乳化不仅要靠强烈搅拌使分散相微粒化,均匀地分散于连续相中,而且需要乳化剂。蛋黄就起乳化剂的作用。

3 实验材料与仪器设备

3.1 实验材料

蛋黄、精炼植物油、食用白醋、砂糖、食盐、淀粉糖浆、山梨酸、柠檬酸、芥末粉、改性淀粉、黄原胶、微晶纤维素、奶油香精。

3.2 仪器设备

混料罐、加热锅、打蛋机、胶体磨、塑料热合封口机、温度计、旋转式黏度计、色差计、pH 计、天平。

4 实验内容与操作步骤

4.1 工艺流程

食盐、蔗糖、香辛料、植物油、醋
↓
蛋黄称重→消毒杀菌→搅拌→成品

4.2 参考配方

(1)蛋黄酱(1000g):蛋黄 150g、精炼植物油 790g、食用白醋(醋酸占 4.5%)20mL、砂糖 20g、食盐 10g、奶油香精 1mL、山梨酸 2g、柠檬酸 2g、芥末粉 5g。

（2）色拉酱（1500g）：蛋黄 150g、精炼植物油 750g、食用白醋（醋酸占 0.5%）150mL、砂糖 150g、食盐 10g、柠檬酸 2g、芥末粉 5g、改性淀粉 10g、黄原胶 3g、微晶纤维素 1.5g、奶油香精 0.5mL、水 350mL。

4.3　操作要点

（1）油加热、冷却：加热精炼植物油至 60℃，加入山梨酸，缓缓搅拌使其溶于油中，呈透明状冷却至室温待用。

（2）分离蛋黄、蛋黄杀菌冷却：鸡蛋除去蛋清，取蛋黄打成匀浆，水浴加热至 60℃，在此温度下保持 3min 以杀灭沙门菌，冷却至室温待用。

（3）预乳化

①蛋黄酱：用打蛋机搅打蛋黄，加入 1/2 的醋，边搅拌边加入油，油的加入速率不大于 100mL/min（总量为 1000g），直至搅打成淡黄色的乳状物。随后加入剩余的醋等成分，搅打均匀。

②色拉酱：使用 350mL 水，制备由改性淀粉、黄原胶和微晶纤维素组成的亲水胶体，在胶体中加入砂糖、醋、食盐、柠檬酸、芥末粉、奶油香精。用打蛋机搅打蛋黄，边搅拌边加入油，油的加入速率不大于 100mL/min（总量为 1000g），直至搅打成淡黄色的乳状物。随后加入胶体，搅打均匀。

（4）均质乳化：胶体磨要冷却到 10℃ 以下，经胶体磨均质成膏状物。使用尼龙/聚乙烯复合袋包装，热封后即得成品。

实验八　蛋粉的制作

1　实验目的

掌握蛋粉的加工原理及加工工艺。

2　实验原理

干蛋粉分为全蛋粉、蛋黄粉和蛋白粉。利用高温,短时间内脱去蛋液中的大部分水分,制成含水量为 4.5% 左右的粉状制品。

3　实验材料与仪器设备

3.1　实验材料

鸡蛋、漂白粉、硫代硫酸钠、酵母。

3.2　仪器设备

蛋品储藏设备、消毒器、照蛋器、打蛋器、巴氏杀菌设备、过滤器、加热装置、干燥室、旋风脱粉器、发酵设备、超滤设备、喷雾干燥设备、筛粉机、包装设备。

4　实验内容与操作步骤

4.1　工艺流程

原料蛋检验→照蛋→洗蛋、消毒、晾蛋→打蛋、搅拌过滤→巴氏杀菌→脱糖→过滤→喷雾干燥→筛粉→晾粉→包装→成品储存。

4.2　操作要点

(1)洗蛋:通过感官鉴定和照蛋挑选优质鲜鸡蛋,剔除次、劣蛋和小蛋。清洗选好的鲜鸡蛋以除去蛋壳上的污物。

(2)消毒:为了尽量减少蛋壳上的细菌数目,清洗后的蛋必须进行消毒处理。常用漂白粉消毒,其方法为将蛋放在漂白粉溶液中(有效氯质量分数保持在 0.08%~0.12%)浸泡 5min,取出后放入 60℃ 温水中浸泡(或者采用淋水喷头冲洗)1~3min 洗去余氯。温水中还可加入 0.5% 硫代硫酸钠,以便余氯除得更干净。

(3)晾蛋:经温水浸泡后的鲜蛋应及时晾干水分,其目的是防止蛋外细菌随水分进入蛋内,并使打蛋时的蛋液不受水滴中微生物的污染,以确保蛋液的品质。晾蛋时间不能太长,否则空气中大量的微生物会使蛋壳表面的细菌数增加,从而影响蛋液的质量。如果大规模生产,也可采用烘干隧道干蛋的方法,在46～50℃约经5min即可全部烘干。

(4)打蛋、搅拌过滤:打蛋并及时收集蛋液,进行搅拌混合,然后经过滤器除去其中的碎蛋壳、蛋壳膜、蛋黄膜以及系带等杂物。

(5)巴氏杀菌:蛋液经过64～65℃、3min杀菌,然后立即储存于储蛋液槽内。

(6)脱糖:全蛋、蛋白和蛋黄分别含有约0.3%、0.4%和0.2%的葡萄糖。如果直接把蛋液干燥,在干燥后储藏期间,葡萄糖与蛋白质的氨基会发生美拉德反应,另外还会与蛋黄内磷脂(主要是卵磷脂)反应,使产品褐变、溶解度下降、变味及质量降低。因此,蛋液(尤其是蛋白液)在干燥前必须除去葡萄糖,俗称脱糖。用稀盐酸调节pH值至7.5左右,然后取蛋液质量0.2%的高活性干酵母,制成制剂悬液,加入蛋液中,搅拌均匀,在35℃条件下发酵2～4h。

(7)过滤:除糖的蛋液采用40目的过滤器过滤。

(8)喷雾干燥:在未喷雾前,干燥塔的温度应在120～140℃,喷雾后温度则下降到60～70℃。在喷雾过程中,热风温度应控制在150～200℃,蛋粉温度控制在60～80℃。

(9)筛粉:采用过滤筛筛除蛋粉中的杂质和粗大颗粒,使成品呈均匀一致的粉状。

(10)包装:筛过的蛋粉,采用马口铁桶进行包装。蛋粉装满后,立即加盖焊封。

实验九 蛋松的制作

1 实验目的

掌握蛋松的加工原理与工艺流程。

2 实验原理

蛋松是一种呈疏松状态的脱水蛋制品,是新鲜蛋液经油炸后炒制而成。

3 实验材料与仪器设备

3.1 实验材料

鸡蛋、糖、油、盐、味精、黄酒等。

3.2 仪器设备

打蛋机、油炸锅、过滤器、淘水笼、搓板。

4 实验内容与操作步骤

4.1 工艺流程

鲜蛋→检验→打蛋→加调味料→搅拌→过滤→油炸→沥油→搓松→炒松→成品。

4.2 参考配方

以 10kg 去壳蛋液计,需糖 1kg、油 1kg、盐 200g、味精 20g、黄酒 500g,或糖 1.5kg、油 800g、盐 150g、味精 15g、黄酒 500g。

4.3 操作要点

(1)制取蛋液:取新鲜鸡蛋洗净、去壳,剔除含异物的蛋液,过滤,防止蛋壳等杂质混入。

(2)搅拌:蛋液加入黄酒、盐后,用打蛋机或手工搅拌,注意要朝一个方向搅拌,速度要均匀,用力不要过猛,以防搅断蛋丝,直至搅成均匀、色泽一致的蛋液,接下来静止 10～

15min,等气泡消完后再进行油炸。

(3)油炸:油倒入锅内加热,当油温 45℃时用细眼筛子(40～69 目)或者用家用漏勺将蛋液均匀地加入油中。注意:若油温过低,则蛋液吸油过多,不容易成丝;反之,若油温过高,则上色过快,达不到脱水的目的,并且得不到较好的质感,也容易炸焦。当蛋丝浮出油面时,用筷子等在锅内迅速搅拌至蛋丝呈金黄色时捞出,沥干余油。

(4)搓松:用手或机械将蛋松的粗制品撕或搓成细丝。其中手工操作如下:将粗蛋丝放入淘水箩内,用力尽量压干油脂,稍冷却后,再用干净的牛皮纸将蛋松包住,放在搓板上轻轻擦搓,当油湿纸时及时更换牛皮纸,一般更换 3～4 次即成干而蓬松的蛋松,成品率为35%～40%。

(5)炒松:加入细砂糖、味精等配料,用微火炒 3～4min,即为成品。

(6)经检验后装入干净、无毒的袋中,称重、封口、装箱。

实验十　蛋液的制作

1　实验目的

了解蛋液加工的主要内容,并掌握其加工方法。

2　实验原理

以鲜蛋为原料,经蛋壳清洗消毒、打蛋去壳并分离出蛋黄或蛋白,再经过(或不经过)巴氏杀菌而制成的液体蛋产品。

3　实验材料与仪器设备

3.1　实验材料

鸡蛋、漂白粉、氢氧化钠、硫代硫酸钠。

3.2　仪器设备

照蛋器、消毒器、打蛋器、过滤装置。

4　实验内容与操作步骤

4.1　工艺流程

蛋的选择→整理→照蛋→洗蛋→消毒→晾蛋→打蛋→蛋液混合与过滤→冷却。

4.2　操作要点

(1)原料蛋的选择:为了保证蛋液的品质,加工蛋液的鲜蛋必须新鲜、清洁而无破损。

(2)鲜蛋的整理:经初步选择之后,对原料蛋还应进行整理。整理时要将各种填充材料(垫或谷糠)清除干净,剔除破损蛋、脏污蛋等。

(3)照蛋:将挑选出的合格鲜蛋逐个在灯光下照检,并剔除不能加工的次劣蛋,以确保产品的质量。

(4)洗蛋:通过感官鉴定和照蛋挑选优质鲜蛋,剔除次、劣蛋和小蛋。将选好的鲜蛋清洗除去蛋壳上的污物。

(5)消毒:将蛋放在漂白粉溶液中(有效氯保持在 0.08%~0.12%)浸泡 5min,取出后放入 60℃温水中浸泡(或者采用淋水喷头冲洗)1~3min 以洗去余氯。

(6)晾蛋:将经温水浸泡后的鲜蛋及时晾干水分。

(7)打蛋、混合与过滤:打蛋并及时收集蛋液,进行搅拌混合,然后经过滤器除去其中的碎蛋壳、蛋壳膜、蛋黄膜以及系带等杂物。

(8)蛋液的冷却:混合过滤后的蛋液,应及时送至预冷罐(预冷罐内装有蛇形管,管内的制冷剂为氯化钙水溶液)内降温至 4℃左右,以抑制蛋液中微生物的大量生长繁殖,避免蛋液在高温下长时间存放时发生变质现象。

实验十一　冰蛋的制作

1　实验目的

通过本实验了解冰蛋生产的加工原理,并掌握其加工工艺。

2　实验原理

冰蛋是鲜蛋去壳后所得蛋液经预处理后冷冻而成,冰蛋分为冰全蛋、冰蛋黄、冰蛋白。将蛋液经巴氏杀菌后冷冻而成的称巴氏杀菌冰蛋品,其加工原理、方法基本相同。

3　实验材料与仪器设备

3.1　实验材料

鸡蛋、漂白粉、马口铁听。

3.2　仪器设备

消毒器、打蛋器、巴氏杀菌设备、过滤器、加热装置、包装设备、冷柜。

4　实验内容与操作步骤

4.1　工艺流程

打蛋→搅拌→过滤→预冷→(巴氏杀菌)→装听→急冻→包装→冷藏。

4.2　操作要点

(1)半成品的加工:选择鲜鸡蛋,剔除黏壳蛋、黑斑蛋等劣质蛋,洗涤干净,在漂白粉溶液(有效氯质量分数为 $0.08\%\sim0.10\%$)中消毒 5min,晾 4h 后在严格的卫生条件下打蛋,得到符合卫生要求的蛋黄液、蛋白液或全蛋液。

(2)搅拌和过滤:蛋液注入过滤槽,进行第一次过滤,可初步清除蛋壳、蛋液中杂质。随即蛋液自动流入搅拌器内,进行第二次过滤,蛋液经螺旋桨搅拌后,使蛋液混合均匀,其中的蛋黄膜、系带、蛋壳膜被清除。经过滤后,纯净的蛋液经过漏斗打入储罐准备巴氏灭菌或直接打入预冷罐内冷却。

(3)预冷：预冷可以防止蛋液中微生物的繁殖，加快冻结速度，缩短急冻时间。预冷是在预冷罐内进行的，蛋液与低温的冷盐水进行热交换，使蛋液很快就降至 4℃左右。预冷结束，如不进行巴氏消毒，即可直接装听。

(4)蛋液的巴氏消毒：采用 64.5℃的杀菌温度对蛋液进行巴氏消毒，时间为 3min。消毒后蛋液温度冷却至 10～15℃。

(5)装听或装桶：杀菌后蛋液达 4℃以下时就可装听。装好后送入急冻库急冻。

(6)急冻：冷冻间温度应保持在－20℃以下。冷冻 36h 后，将听(桶)倒置，使听内蛋液冻结实，以防止听身膨胀，并缩短急冻时间。在急冻间温度为－23℃以下时，速冻时间不超过 72h。听内中心温度应降到－18～－15℃后取出进行包装。

(7)包装：急冻好的冰蛋品，应迅速进行包装。马口铁听用纸箱包装，盘状冰蛋脱盘后用蜡纸包装。

(8)冷藏：冰蛋品包装后送至冷库冷藏。冷藏库内的库温应保持在－18℃，冷藏库温不能上下波动过大。

实验十二　蛋液中生物活性物质的提取

通过本实验,了解蛋液中含有的各种生物活性物质,并掌握各种生物活性物质的分离和提取方法。熟悉各种生物活性物质的分离和提取工艺。

(一) 卵磷脂

1　实验目的和要求

广义的卵磷脂是指天然存在的磷脂混合物。其主要成分除了磷脂酰胆碱外,还包括磷脂酰乙醇胺、磷脂酰肌醇、磷脂酰丝胺酸、神经鞘磷脂等。而狭义的卵磷脂(即生物学名称)是指磷脂酰胆碱。

卵磷脂是生命的基础物质,存在于每个细胞之中,但更多的是集中在人及动物的大脑及神经系统、血液循环系统、免疫系统及心、肝、肾等重要器官和禽蛋以及大部分植物的种子之中。

卵磷脂是人体组织中含量最高的磷脂,是构成神经组织的重要成分,属于神经高级营养素,人类生命自始至终都离不开它的滋养和保护。

卵磷脂在人体中占体重的 1% 左右,但在大脑中却占到重量的 30%,所以卵磷脂是过去 50 年间发现的重要营养素之一,被誉为与蛋白质、维生素并列的"第三营养素"。

本实验要求了解蛋液中卵磷脂的组成及生物学性质,掌握蛋液中卵磷脂的提取方法及工艺。

2　实验原理

磷脂易溶于乙醚、苯、氯仿,部分溶于乙醇,极难溶于丙酮;卵磷脂溶于乙醇、甲醇、氯仿等有机溶剂,但不溶于丙酮;丙酮能够溶解油脂和游离脂肪酸、甘油三酯等。

因此,本实验用乙醇、乙醚为溶剂,丙酮为沉淀剂,干燥后获得卵磷脂。新提取得到的卵磷脂为白色蜡状物,与空气接触后因所含不饱和脂肪酸被氧化而呈黄褐色。

3　实验材料与仪器设备

3.1　实验材料

鸡蛋黄、95% 乙醇、无水乙醇、乙醚、丙酮、$ZnCl_2$ 水溶液、10% NaOH 溶液、钼酸铵试剂。

3.2　仪器设备

50mL 烧杯、500mL 烧杯、三角烧瓶、电炉、蒸发皿、药勺、玻璃棒、玻璃漏斗、试管、吸管、石蕊试纸、试管夹、洗瓶、恒温水浴锅、磁力搅拌器、天平。

4　实验内容与操作步骤

4.1　卵磷脂的粗提

取 10g 蛋黄,放入洁净的带塞三角烧瓶中,加入 95％乙醇 40mL,搅拌 15min 后,静置 15min;加入 10mL 乙醚,搅拌 15min 后,静置 15min;过滤;滤渣进行二次提取,加入乙醇与乙醚(体积比为 3∶1)的混合液 30mL,搅拌、静置一定时间;第二次过滤,合并二次滤液,加热浓缩至少量,加入一定量丙酮除杂,卵磷脂即沉淀出来,得到卵磷脂粗品。

4.2　卵磷脂的纯化

取一定量的卵磷脂粗品,用无水乙醇溶解,得到约 10％的乙醇粗提液,加入相当于卵磷脂质量的 10％的 $ZnCl_2$ 水溶液,室温搅拌 0.5h;分离沉淀物,加入适量冰丙酮(4℃)洗涤,搅拌 1h,再用丙酮反复研洗,直到丙酮洗液近无色止,得到白色蜡状的精卵磷脂;干燥;称重。

（二）溶菌酶

1　实验目的和要求

溶菌酶又名胞壁质酶或 N-乙酰胞壁质聚糖水解酶,它是一种碱性球蛋白,由 129 个氨基酸残基组成,相对分子质量约为 14300～14700,等电点为 10.7～11.0。该酶的最适 pH 值为 5～9。溶菌酶广泛存在于鸟类和家禽的蛋清、哺乳动物的泪液、唾液、血浆、尿、乳汁、白细胞及其他体液和组织细胞内,其中以蛋清中含量最为丰富,蛋壳膜上也有存在。所以,鸡蛋白是提取溶菌酶的最好原料。

本实验要求了解蛋清中溶菌酶的提取原理,掌握蛋清中溶菌酶的提取方法及纯度测定。

2　实验原理

溶菌酶广泛存在于动植物及微生物体内,鸡蛋(含量约为 2％～4％)和哺乳动物的乳汁是溶菌酶的主要来源。目前,溶菌酶仍属于紧俏的生化物质。本实验以鸡蛋蛋清为原料,对溶菌酶进行提取并分离纯化。

鸡蛋清中的溶菌酶是一种碱性蛋白质,最适 pH 值为 6.5,因此可选择弱酸性阳离子交换树脂进行分离。

3　实验材料与仪器设备

3.1　实验材料

D152 大孔弱酸性阳离子交换树脂、新鲜鸡蛋、0.1mol/L 磷酸盐缓冲液(pH7.0)、氯化钠、硫酸铵、0.5mol/L NaOH 溶液、0.5mol/L HCl 溶液、层析柱(2.6cm×30cm)、无水乙醇、聚乙二醇。

3.2　仪器设备

高速冷冻离心机、恒流泵、部分收集器。

4　实验内容与操作步骤

(1)取出蛋清,加入 1.5 倍体积的 0.1mol/L 磷酸盐缓冲液,搅拌均匀,将 pH 值调至 8 左右,然后用八层纱布过滤,取滤液,量取体积并记录。

(2)阳离子交换层析的制备。

D152 大孔弱酸性阳离子交换树脂的处理:将 D152 大孔弱酸性阳离子交换树脂先用蒸馏水洗去杂物,滤除,用 1mol/L NaOH 溶液搅拌浸泡 4～8h,抽滤干 NaOH,用蒸馏水洗至 pH7.5 左右,抽滤干,再用 1mol/L HCl 溶液按上述方法处理树脂,直到全部转变为氢型,抽滤干 HCl,用 2mol/L NaOH 溶液处理树脂,树脂转变为钠型,pH 值不低于 6.5。吸干溶液,加 0.02mol/L 磷酸盐缓冲液(pH6.5)平衡树脂。

装柱:取直径为 2.6cm、长度为 30cm 的层析柱,自顶部注入经处理过的上述树脂悬浮液,关闭层析柱出口,待树脂沉降后,放过量的溶液,再加上一些树脂,至树脂沉积至 15～20cm 的高度即可。于柱子顶部继续加入 0.02mol/L 磷酸盐缓冲液(pH6.5)平衡树脂,使流出液 pH 值为 6.5 为止,关闭柱子出口,保持液面高出树脂表面 1cm。

(3)装柱吸附:将上述蛋清液仔细加到树脂顶部,打开出口使其缓慢流入柱内,流速为 1mL/min。

(4)去杂蛋白:取出树脂,用柱平衡液洗去树脂上可能有的杂蛋白。在收集洗脱液的过程中,逐管用紫外分光光度计检测杂蛋白的洗脱情况,当基线开始走平后,改用含 1.0mol/L NaCl,pH 值为 6.5、浓度为 0.02mol/L 的磷酸钠缓冲液洗脱收集洗脱液。

(5)聚乙二醇浓缩:将上述洗脱液合并装入透析袋内,置容器外,外面附以聚乙二醇,容器加盖。酶液中的水分很快就透析到膜外,被聚乙二醇吸收。所得浓缩液之后的透析袋用蒸馏水洗去透析袋膜外的聚乙二醇,小心收取浓缩后的溶菌酶溶液。

参考文献

[1]徐树来,王永华.食品感官分析与实验[M].2版.北京:化学工业出版社,2010.

[2]蒋爱民,赵丽芹.食品原料学[M].南京:东南大学出版社,2007.

[3]赵大云.冰蛋的冷加工[J].农产品加工,2009(3):23-24.

[4]武永福,张宁,武斌.虎皮蛋罐头的制作[P].中国:201310274227.0,2015-01-04.

[5]韩建春,尚勇彪.畜产品加工实验[M].北京:中国林业出版社,2012.

[6]马美湖.蛋与蛋制品加工学[M].北京:中国农业出版社,2007.

[7]沈瑞.糟蛋的制作技巧[J].新农村,2013(8):34-35.

[8]赵征.食品工艺学实验技术[M].北京:化学工业出版社,2009.

[9]于新,吴少辉,叶伟娟.天然食用调味品加工与应用[M].北京:化学工业出版社,2011.

[10]陈冠如.蛋黄酱与全蛋粉的加工工艺[J].中国禽业导刊,2007,24(2):39-40.

[11]张亚婕.蛋粉的加工技术[J].乡村科技,2010(3):25.

[12]高真.蛋及蛋制品生产技术[M].哈尔滨:黑龙江科学技术出版社,1984.

[13]马美湖.禽蛋制品生产技术[M].北京:中国轻工业出版社,2003.

[14]周永昌.蛋与蛋制品工艺学[M].北京:中国农业出版社,1995.

附录一 "畜产品加工"教学相关数字化资源

正文中教学 PPT 二维码索引

二维码序号	实验序号	名　称	页码
二维码 1-1	第一部分实验一	肉品质检验（PPT）	5
二维码 1-2	第一部分实验三	腌腊制品制作（PPT）	17
二维码 1-3	第一部分实验五	酱卤制品制作（PPT）	30
二维码 1-4	第一部分实验六	香肠制品制作（PPT）	34
二维码 2-1	第二部分实验一	乳品新鲜度检验（PPT）	63
二维码 2-2	第二部分实验四	酸乳的制作（PPT）	72
二维码 2-3	第二部分实验五	乳饮料制作（PPT）	75
二维码 2-4	第二部分实验六	乳粉制作（PPT）	78
二维码 2-5	第二部分实验七	干酪制作（PPT）	83
二维码 2-6	第二部分实验八	冰激凌制作（PPT）	86
二维码 3-1	第三部分实验二	蛋的理化性质检测（PPT）	92
二维码 3-2	第三部分实验三	咸蛋制作（PPT）	94
二维码 3-3	第三部分实验四	皮蛋制作（PPT）	96
二维码 3-4	第三部分实验五	卤蛋制作（PPT）	98

"畜产品加工学"国家精品网络课程

http://www.icourses.cn/coursestatic/course_6981.html

学习心得：

二维码附-1

中国畜产品加工研究会网址

http://www.caapp.com/

学习心得：

二维码附-2

食品伙伴网

http://news.foodmate.net/

学习心得：

二维码附-3

中国食品网

http://www.cnfoodnet.com/

学习心得：

二维码附-4

中国乳制品网

http://www.31rzp.com/

学习心得：

二维码附-5

易蛋网

http://www.111dan.com/

学习心得：

二维码附-6

中国乳业信息网

http://www.chinadairy.net/

学习心得：

二维码附-7

ZHEJIANG UNIVERSITY PRESS
浙江大学出版社

互联网+教育+出版

立方书

教育信息化趋势下，课堂教学的创新催生教材的创新，互联网+教育的融合创新，教材呈现全新的表现形式——教材即课堂。

 轻松备课   分享资源   发送通知   作业评测   互动讨论

"一本书"带走"一个课堂" 教学改革从"扫一扫"开始

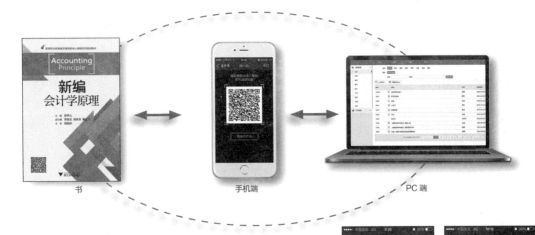

书   手机端   PC 端

打造中国大学课堂新模式

【创新的教学体验】

开课教师可免费申请"立方书"开课，利用本书配套的资源及自己上传的资源进行教学。

【方便的班级管理】

教师可以轻松创建、管理自己的课堂，后台控制简便，可视化操作，一体化管理。

【完善的教学功能】

课程模块、资源内容随心排列，备课、开课，管理学生、发送通知、分享资源、布置和批改作业、组织讨论答疑、开展教学互动。

扫一扫 下载APP

教师开课流程 ➤

➡ 在APP内扫描封面二维码，申请资源

➡ 开通教师权限，登录网站

➡ 创建课堂，生成课堂二维码

➡ 学生扫码加入课堂，轻松上课

网站地址：www.lifangshu.com
技术支持：lifangshu2015@126.com；电话：0571-88273329

附录二　畜产品图片

一、肉制品图片

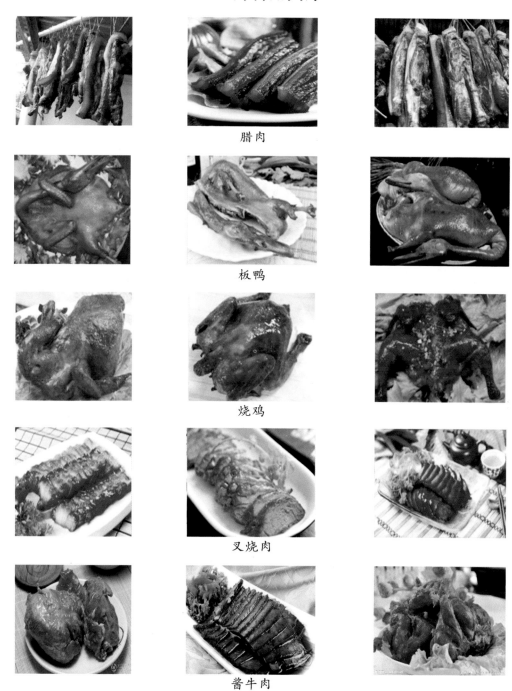

腊肉

板鸭

烧鸡

叉烧肉

酱牛肉

肴肉

盐水鸭

东坡肉

风干肠

广式香肠

川式香肠

法兰克福香肠

慕尼黑白肠

培根

松仁小肚

炸鸡

肉丸

肉松

肉脯

肉干

二、乳品图片

液态乳

  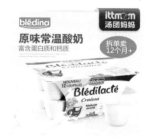

酸乳

乳饮料

  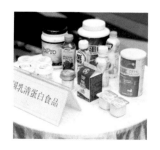

乳粉

奶油

炼乳

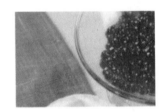

乳酪

冰激凌

三、蛋品图片

原料蛋

咸蛋

松花蛋

卤蛋

糟蛋

蛋黄酱

蛋粉

蛋松

蛋液

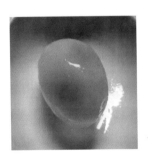
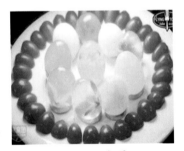

冰蛋